女装结构设计
原理与应用

张　恒　刘凤霞 | 编著

中国纺织出版社有限公司

内 容 提 要

本书从女装结构设计基础理论入手，系统阐述女装设计要素及女性人体工程学特征，创新结构制图方法，结合典型女装款式实例，分别对裙装、裤装、衬衫、套装、大衣等女装结构设计方法、制图步骤等进行详细说明。

本书内容丰富、易学易懂，结构制图清晰并具有较强的系统性、理论性、知识性、实用性，既可为服装制板师提供参考，又可作为高等院校的专业教材或服装爱好者的参考书。

图书在版编目（CIP）数据

女装结构设计原理与应用/张恒，刘凤霞编著.--北京：中国纺织出版社有限公司，2021.6

ISBN 978-7-5180-8462-3

Ⅰ.①女… Ⅱ.①张… ②刘… Ⅲ.①女服—结构设计—高等学校—教材 Ⅳ.① TS941.717

中国版本图书馆 CIP 数据核字（2021）第 054309 号

责任编辑：孙成成　　特约编辑：施 琦　　责任校对：寇晨晨
责任印制：王艳丽

中国纺织出版社有限公司出版发行
地址：北京市朝阳区百子湾东里 A407 号楼　邮政编码：100124
销售电话：010—67004422　传真：010—87155801
http://www.c-textilep.com
中国纺织出版社天猫旗舰店
官方微博 http://weibo.com/2119887771
三河市宏盛印务有限公司印刷　各地新华书店经销
2021 年 6 月第 1 版第 1 次印刷
开本：787×1092　1/16　印张：11.5
字数：226 千字　定价：45.00 元

服装结构设计是服装设计的重要组成部分，是实现服装从创意构思到成衣的核心技术环节。随着我国服装产业的快速发展，服装品牌化发展开始驶入快车道，人们生活水平的日益提高，促使服装消费市场需要更高品质的服装产品。数字化服装设计、智能化服装制造已经成为服装产业发展方向，为适应这一发展趋势，本书在归纳、总结、提炼已成熟的比例、原型、基型等服装结构设计方法基础上，通过比较分析和长期工作实践，提出一种基于服装基本型结构的服装结构设计方法，经过大量实验和实践验证，在现代数字化服装结构设计工作方式背景下，基于基本型的服装结构设计方法更加高效、易用。同时，本书对服装衣袖、衣领等关键部件的结构设计方法进行了系统性研究，尤其在衣领结构设计原理做了深入的探索性研究，提出了基于翻领松量结构模型的翻折领结构设计方法，为服装衣领结构设计提供了一种新的理论依据。

本书从女装结构设计基础入手，结合服装人体工程学对女装结构设计理论进行了创新，并通过由浅入深的实例对女装结构设计原理、方法、步骤进行了系统性阐述。

本书共三章，第一章绪论、第三章女上装结构设计原理与应用由长春工程学院张恒编写，第二章女下装结构设计原理与应用由长春工程学院刘凤霞、张恒编写。

由于编写时间仓促，书中错漏之处在所难免，敬请专家、同行和读者批评指正。

长春工程学院

张 恒

2020 年 6 月 17 日 于长春

目录
CONTENTS

第一章 绪论

第一节 女装结构设计概述

一、女装设计

服装设计属于工艺美术范畴，是实用性和艺术性相结合的一种艺术形式，服装设计具有一般实用艺术的共性，但在内容与形式以及表达手段上又具有自身的特性。女装设计在考虑款式造型、色彩、材料三大构成要素的同时，还要充分认识女性人体的工程学特征。尤其在女装结构设计方面，更应正确认识女装结构与女性人体特征的构成关系以及女性特殊生理、心理特征决定的审美取向。

二、女装设计要素

女装设计要素是指在女装设计过程中必须要考虑的基本因素，具体包括款式造型、色彩及材料。

（一）款式造型要素

款式造型是指服装的内部结构与外部轮廓造型。款式造型是女装设计的重要因素和主要内容，女装款式造型设计首先要考虑女性人体体型特征，同时还受穿着对象、穿着时间、穿着场合等诸多因素的制约。女装款式造型丰富，有 X 型、A 型、T 型、Y 型、H 型、O 型、箱型、细长型、沙漏型、纺锤型、茧型等。女装款式造型设计无论是外部轮廓还是内部结构都更加重视优美曲线线条的运用，衣省的变化设计和灵活应用是女装结构设计的关键。区别于男装，女装款式造型中领型、袖型、门襟、口袋等设计不拘泥于固有形式，设计也更加灵活，很少有程式化的设定。在服装的视觉审美性、功能性和实用性方面，女装设计更加关注视觉审美，这是由女性特有的生理和心理特征决定的。

（二）色彩要素

色彩是视觉设计三要素中视觉感受最直接的要素，掌握关于色彩的物理性、生理性、心理性等基本理论知识并敏感把握色彩流行趋势是女装设计的关键。色彩对于服装而言，总是能给人以强烈的视觉感受，且不同的色彩也会给人不同的心理感受，从而营造不同的美感，使人产生不同的联想。例如白色会给人以纯洁高雅的感受，红色会给人以热烈奔放的感受等。能够敏感把握每季服装色彩流行趋势，并将其运用于服装设计之中是一名服装设计师必须具备的能力。

（三）材料要素

材料是服装构成的基本要素，也是物质载体。服装材料种类繁多，且有不同的功能属性区分，大体可分为面料、里料和辅料。不同服装材料的性能不同、外观特征不同，表现出来的视觉感受、触觉感受、功能效果亦有所不同。服装材料的物化性能特质与服装设计有着密切的关系，无论是服装设计师还是服装制板师，掌握服装材料基础知识，了解不同服装材料的物化属性、功能特性及视觉表现效果，正确理解材料和服装的关系等知识都是其必须具备的基本能力。

三、女装设计分类

因女装产品种类繁多，故女装设计分类形式呈现出多样性。根据不同年龄、国际通用分类标准、使用目的、不同用途、季节变化、品质要求、民族差异、品种分类等，女装设计有着明确、清晰的目标，对女装设计也提出了不同的具体要求。常见的女装设计分类有：

第一，根据年龄分类：婴儿装设计、幼儿装设计、学童装设计、少女装设计、淑女装设计、中老年装设计等。

第二，根据国际通用标准分类：高级女装设计、时装设计、成衣设计等。

第三，根据使用目的分类：比赛服装设计、发布服装设计、表演服装设计、销售服装设计、指定服装设计等。

第四，根据不同用途分类：日常生活装设计、特殊生活装设计、社交礼仪装设计、特殊作业装设计、装扮装设计等。

第五，根据季节变化分类：春秋装设计、夏装设计、冬装设计等。

第六，根据品质要求分类：高档服装设计、中档服装设计、低档服装设计等。

第七，根据民族差异分类：中式服装设计、西式服装设计、民族服装设计、民俗服装设计、国际服装设计等。

第八，根据品种不同分类：大衣设计、风衣设计、套装设计、衬衫设计、裤装设计、裙装设计等。

第二节 女性人体工程学特征

　　服装人体工程学是人体工程学中研究人体特征及服装和人体相互关系的分支学科，其研究对象是"人—服装—环境"系统，从适应人体的各种要求出发，对服装产品设计提出要求，以量化数据形式为设计者提供参考，使服装产品最大程度适应人体需要，达到舒适卫生的最佳状态。对于服装结构设计而言，人体是唯一的依据，研究人体外在特征、运动机能和运动范围对服装结构设计的影响，是服装造型结构、功能结构设计的理论基础。尤其对于女装结构设计而言，认识女性人体体型特征与女装结构构成关系具有重要作用。

一、女性人体方位、体型与服装结构

　　女性人体方位、体形是女装造型结构设计及其设计理论的基础，人体测量、造型设计、结构设计、工艺设计等都以人体方位、体型为研究对象，而人体体型的立体划分和体表平面化更是女装造型所需的方位与基准的基础。

　　分析前后、左右、上下6个女性人体方位与女装结构因子的关系，可立体化认识女性人体体形的特征，明确女性人体立体观及女装立体化造型与结构设计，如图1-1所示。

　　以前中心线、后中心线、重心线3条基准线，矢状切面、额状切面（冠状切面）、水平切面（横切面）3个基准面和重心轴即可完成人体的立体划分，并可得到6个方位的人体断面，各个方位与服装结构的因子关系清晰可见。把握人体各部位形状及女性人体细部结构特征，并形成女性人体的立体观，是服装立体造型设计的重要基础，如图1-2 ～图1-7所示。

　　通过人体前正中基准垂直面切开，就可得到前中心线、矢状切面和后中心线。矢状切面在后中心侧包含了表现体形躯干的脊柱，人体后背、腰、臀曲势清晰可见，并以此作为服装后身结构造型的基础，为女装侧面造型和结构设计曲线表现提供了依据，如图1-8所示。

　　如图1-9 ～图1-11所示为服装前衣身、衣身袖窿、后衣身纸样结构基准定位与女性人体胸高点、臂根和肩胛骨的对位关系。

　　如图1-12、图1-13所示为前、后裤片纸样结构基准定位与女性人体腰、腹、臀、臀底、腿部前后中线的对位关系。

　　如图1-14所示为女性人体侧面通过头顶、颈中间、臂根中间、胴体中间、腿根、膝、

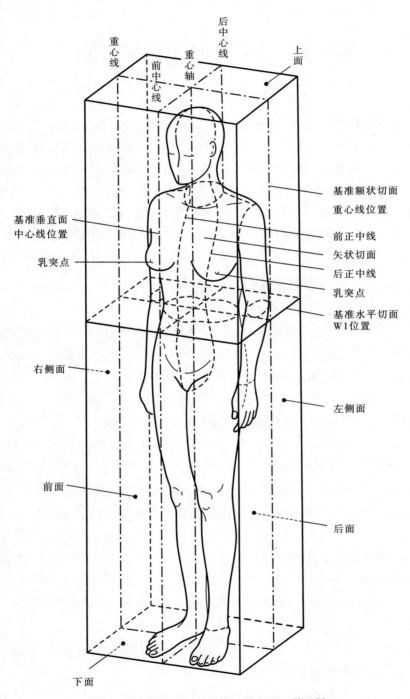

图 1-1　人体方位、基准线、基准面、基准轴

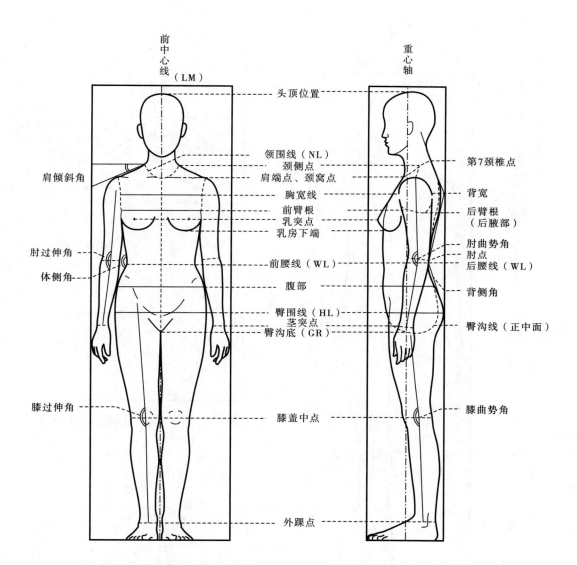

前中心线（LM）　重心轴

头顶位置

领围线（NL）
颈侧点
肩端点、颈窝点

肩倾斜角

第7颈椎点

背宽

胸宽线

前臂根
乳突点
乳房下端

后臂根
（后腋部）

肘过伸角

肘曲势角
肘点
后腰线（WL）

体侧角

前腰线（WL）

腹部

背侧角

臀围线（HL）
茎突点
臀沟底（GR）

臀沟线（正中面）

膝过伸角

膝盖中点

膝曲势角

外踝点

图 1-2　正面方位和服装结构因子　　图 1-3　侧面方位和服装结构因子

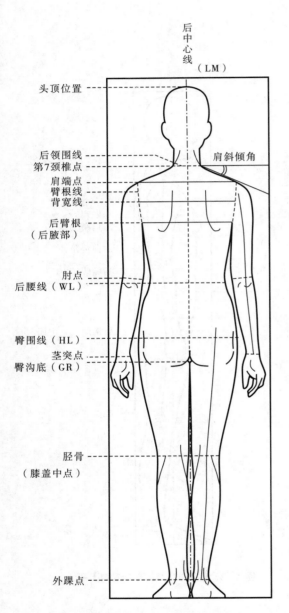

图1-4　后面方位和服装结构因子

后中心线（LM）

头顶位置

后领围线
第7颈椎点
肩端点
臂根线
背宽线

后臂根（后腋部）

肩斜倾角

肘点
后腰线（WL）

臀围线（HL）
茎突点
臀沟底（GR）

胫骨（膝盖中点）

外踝点

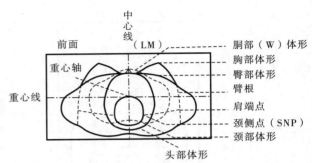

图1-5　上面方位和服装结构因子

前面

中心线（LM）

重心轴

重心线

头部体形

胴部（W）体形
胸部体形
臀部体形
臂根
肩端点
颈侧点（SNP）
颈部体形

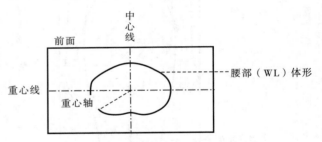

图1-6　上、下面方位和服装结构因子

前面

中心线

重心线

重心轴

腰部（WL）体形

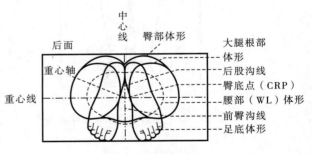

图1-7　下面方位和服装结构因子

后面

中心线　臀部体形

重心轴

重心线

大腿根部
体形
后股沟线
臀底点（CRP）
腰部（WL）体形
前臀沟线
足底体形

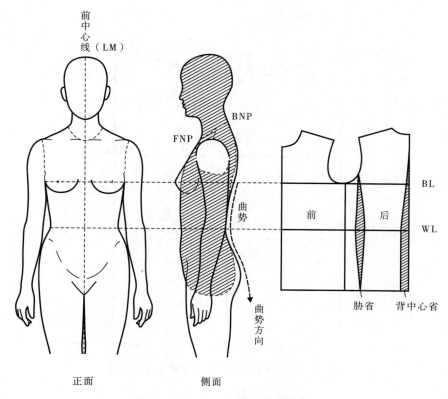

图 1-8　矢状切面体形和服装曲势

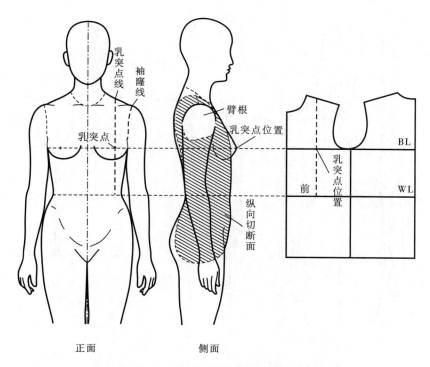

图 1-9　乳突点位置纵向切断面和服装乳突点位置

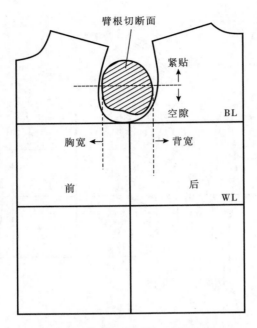

图 1-10　臂根切断面和服装袖窿形状、位置

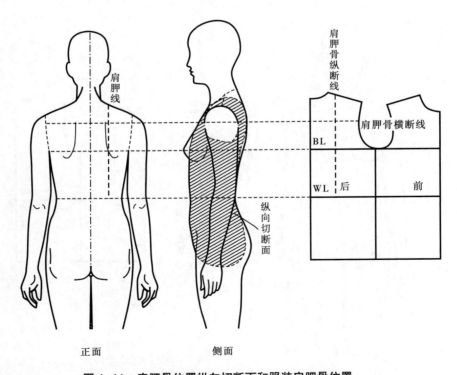

图 1-11　肩胛骨位置纵向切断面和服装肩胛骨位置

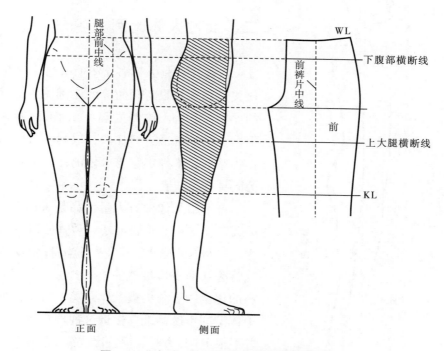

图 1-12 大腿、膝部纵向切断面和前裤片位置

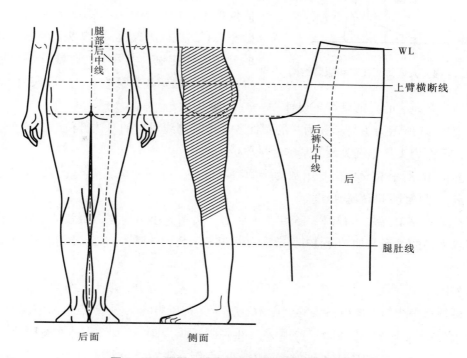

图 1-13 腰臀、腓腹纵向切断面和后裤片位置

脚踝的侧面曲势构成，女性人体侧面"S"曲线比男性明显。

二、女性人体比例

人体比例是人体各个器官和各个部位之间的对比关系，例如眼睛和面部的比例关系，躯干和四肢的比例关系等。比例关系用数字来表示人体美，并根据一定的基准进行比较，以同一人体的某一部位作为基准，来判定它与人体的比例关系的方法被称为同身方法。

古希腊雕像中有大量作品是采用8头身比例，公元前4世纪的希腊雕塑家利普波斯（Lisippos）确立了"人体最美的比例是头部为身高的八分之一"，这是公认的身体最美的比例。这种身高为8个全头高的比例，至今仍被看作是美的协调比例，当作完美体型的审度标准。接近这种理想体型的人在中国并不很多，只有时装模特比较符合。由于种族、性别、年龄不同，头与躯干的比例会有所差异，通常有两大比例标准，即亚洲型7头高的成人人体比例和欧洲型8头高的成人人体比例。7头高比例关系是黄种人的最佳人体比例，实际上，除欧洲部分地区外，在生活中很难找到8头身的人，一般人为7.5头身，

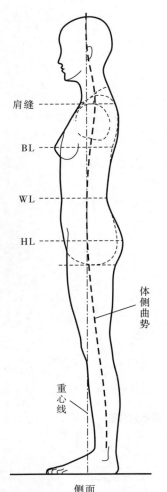

图1-14　人体体侧曲势和服装结构

而亚洲许多地区的人则只有7头身。

图1-15所示为头身示数为7的女性各部位分割线对应的身体部位，头顶至颌尖为全头高，可作为头身比例关系的基本计量单位。

图1-16所示为女性头身示数为7的肩峰位置，取颌尖至乳突点上1/3位置作为肩峰基准点，可依此判断肩斜角度。

法国画家J.库左（1501—1589年）认为，头的大小与肩宽、服装的形状、大小的均衡有着密切的关系。如图1-17所示为女性头身示数为7时，肩峰间距和上臂外侧间距的关系。

如图1-17所示，将颌尖（1）至乳突点（2）做三等分，取上三分之一点水平作线，即可得到水平线与人体肩斜线的交点 AC（肩峰点），以肩峰两侧 AC 点与前中线的交点 f（颈窝处）为中点，以肩峰到乳突点的距离为半径画弧线，即可见女性人体肩宽比例构成关系。以下颌为中心，头高为半径画弧线，得到 O_1 点作垂线 O_3，女性上臂外侧点 O_2 较 O_3 点垂

线略向内偏，其中 O_3 线为男性上臂外侧
边线，女性上臂外侧边线较之偏内，即
女性肩宽与头高比例较男性略窄，可见
女性上臂外侧间距与头高的比例关系。

如图 1-18 所示为女性头身示数为 7
时乳突点间距与肩宽（AC 点间距）、脐
下点的比例构成关系。由于人体客观存
在差异性，此乳突点点与肩点、脐下点
比例构成关系可作为服装结构设计补正
的重要参考依据。

一般而言，成年女性肩、臀宽比与
成年男性相反，男性肩宽略大于臀宽，
女性肩宽则略小于臀宽。如图 1-19 所示，
以肩宽点（AC）作垂线至臀围处，肩宽
点（AC）与臀围外侧点连线，可见女性
臀宽略大于肩宽，女性上身正面廓型整
体略呈正梯形。

腰围线作为区分人体上、下身的重
要分割线，无论是上装结构设计还是下
装结构设计，其都是至关重要的结构线。
在人体结构中，腰围线具有特定的位置，
了解腰围线在人体结构中的比例位置，

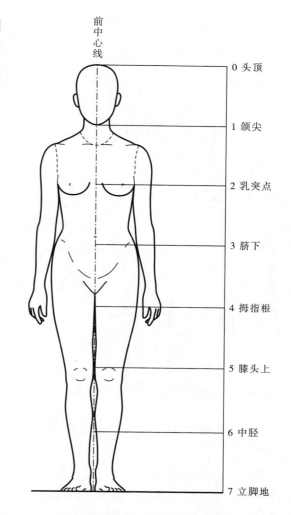

图 1-15　女性头身示数为 7 与各分割线对应的身体部位

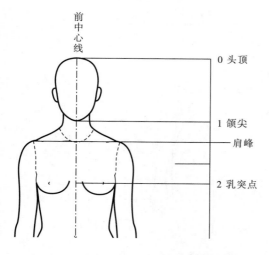

图 1-16　女性头身示数为 7 的肩峰位置

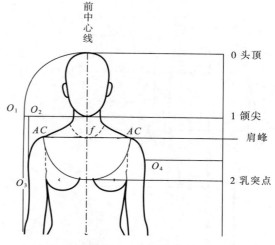

图 1-17　女性头身示数为 7 时肩峰间距和上臂
外侧间距的关系

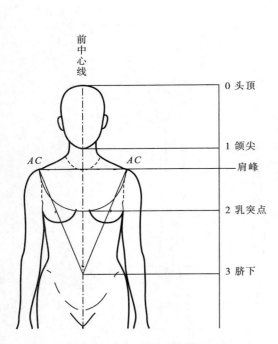

图 1-18　女性头身示数为 7 时乳突点间距

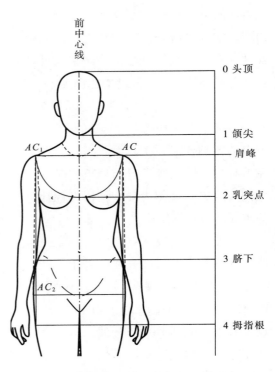

图 1-19　女性头身示数为 7 时肩宽、臀宽比例

对于女装结构设计具有重要意义。如图 1-20 所示，女性腰围位置基本在乳突点至脐下 1/3 处。

　　臀底点（CR）位置的确定，是裤装立裆裆长设置的重要参考依据。如图 1-20 所示，女性臀底点（CR）基本位于脐下至拇指根 1/4 处。

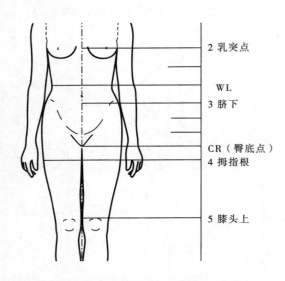

图 1-20　女性头身示数为 7 时腰围线、

　　　　臀底点（CR）位置

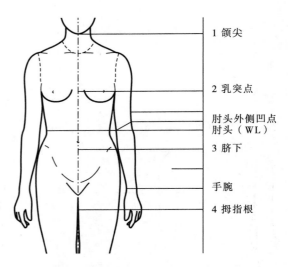

图 1-21　女性头身示数为 7 时肘、手腕位置

如图1-21所示为女性头身示数为7时，肘、手腕位置示意图。

乳突点至脐下1/3处即为肘头位置，与腰围线（WL）位置基本一致，肘头外侧凹点位于乳突点至脐下1/2处，以此可作为衣袖结构设计中袖肘线位置设定的参考依据。

脐下至拇指根1/3处为手腕位置，在衣袖结构设计中可作为袖长设定的参考依据。

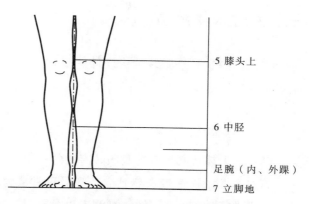

图1-22　女性头身示数为7时足腕位置

足腕位置与裤装结构设计中的裤脚口线具有对位关系，是基准裤长设定的参考依据。如图1-22所示，女性头身示数为7时，中胫至立脚地下1/3处即为足腕位置。

文艺复兴时期著名画家列奥纳多·达·芬奇在1487年前后创作的《维特鲁威人》为我们揭示了人体的完美比例。如图1-23所示，在人体直立状态下，两臂展开后，两指端点距离等于头顶到立脚地距离，两臂展开的直立人体正好处于正方形之中。

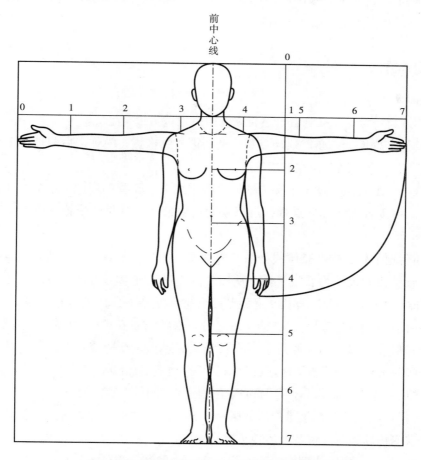

图1-23　女性头身示数为7时身长＝两指端距离

三、女性人体测量

"人体测量"是服装结构设计的基础，经测量所获得的体型各部位特征及参数数据是服装成品规格设定与服装结构设计的重要依据。

（一）量体注意事项

第一，量体者必须掌握与服装有关的测量点和测量线的位置。

第二，要求被测者自然站立，呼吸正常，力求测量数据准确。可以左侧测量为准，并按顺序进行，以防止漏测。被测者以穿贴身内衣为宜。

第三，使用没有变形的厘米制软尺测量。测量围度时，软尺不宜拉得过松或过紧，以平贴而能转动为宜，前后保持水平。

第四，为了测量准确，有时应在中腰处系一根腰带，以便掌握前后腰节高或前后衣长的差数。

第五，必要时可参考被测者的服装尺寸，可使服装规格设计更加准确。

第六，测量后，应考虑被测者的职业、穿着场合、季节、爱好及面料厚薄、款式要求等具体情况，并将测量数据做适当调整。

（二）量体方法

1. 长度测量

（1）总体高（号）：被测者自然直立，由头顶垂直量至足底。

（2）身长（总长）：亦称颈椎点高，是从第七颈椎点（简称"后颈点"）量至足底的尺寸，它是推算有关纵向长度的依据。

（3）背长：由后颈点量至中腰最细处（腰围线），随背形测量，这个尺寸在应用中通常取高些。由于腰围线不好选择，可以手臂后肘部作为背长的位置，或参考女装规格表来确定。

（4）前后腰节长：先在腰围线处系一根细绳，使其水平后测量。从肩颈点起通过肩胛骨至后腰围线的尺寸为后腰节长，从肩颈点经过乳突点到前腰围线的尺寸为前腰节长。在衣身原型上也称为前后身长。肩颈点量至前后腰围线的垂直高度，称前后腰节高。

（5）衣长：基本衣长尺寸，有前、后之分。女装前后衣长尺寸的起点不同，前衣长是从肩颈点过乳突点量至所需长度；后衣长是从后颈点量至所需长度，前后基本衣长的底边应处于同一水平位置，该尺寸还可根据服装种类适当加以调整。

（6）腰长：亦称"臀长"，是腰围线至臀围线之间的距离。

（7）裤长：按顾客系裤腰带位置的腰围线到外踝点之间的距离为基本裤长尺寸，可根据款式要求变化其脚口位置及另加腰头宽尺寸。

（8）股上长：由腰围线到臀股沟之间距离。测量时，被测者坐在硬面椅子上保持挺直坐姿，由腰围线到椅面的距离相当于股上长尺寸。该尺寸是裤子立裆尺寸的设计依据。

（9）股下长：基本裤长减去股上长尺寸。

（10）袖长：从后颈点过肩端点和肘点到手腕尺骨点（简称"腕骨点"）为连身袖长，中式服装称"出手"；从肩端点过肘点到腕骨点（略弯曲测量）为基本袖长；从肩端点到肘点为肘长。基本袖长亦称手臂长，是袖长规格设计的参数，可根据需要进行长短变化。

在上述长度测量中，后衣长、背长、袖长、股上长和裤长是长度的主要尺寸。另外，总体高、身长也是纸样设计中很重要的尺寸，不可忽视。

2. 宽度测量

（1）总肩宽：通过后颈点测量两个肩端点间的距离。

（2）背宽：两后腋点间的距离。

（3）胸宽：两前腋点间的距离。

（4）小肩宽：从肩颈点沿肩棱线量至肩端点的距离。

3. 围度测量

（1）胸围：通过胸部最丰满处水平围量一周。

（2）腰围：在中腰最细处围量一周。也可根据系腰带位置按上述方法测量。

（3）臀围：在臀部最丰满处围量一周。

（4）脚口围：可根据款式或流行确定。

（5）头围：以头部前额丘和脑后枕骨为测量点测量一周。是帽子尺寸和有帽子服装的主要参数。

（6）颈根围：从前锁骨上方的颈窝点起经肩颈点和后第七颈椎点的周长，是设计原型基本领口的依据。

（7）颈围：在颈部喉骨下方围量一周。颈围比颈根围小 1.5 ~ 2.5cm。

（8）掌围：五指并拢，绕量手掌最宽的部位一周。该尺寸是袖口、袋口等尺寸设计的依据。

说明：以上各种长、宽、围度尺寸均为净体尺寸，而不属于某种特定服装的尺寸，它们是服装结构设计的基础数据，应根据款式的需要，进行重新组合及加放必要的放量或松量才具有实际意义。

第三节　女装号型规格及参考尺寸

一、女装号型规格

号型是国家制定服装人体规格的标准名称，其中"号"表示人体的身高（总体高），上身的"型"指人体净胸围，下身的"型"指人体的净腰围。

我国的女装国家新标准《中华人民共和国国家标准　服装号型　女子（GB/T 1335.2—2008）》，是根据我国女体特征，选择最有代表性的部位，经合理归纳并设置而成。新服装号型是设计、生产及选购服装的依据，并以国际通用的净尺寸表示。在规格上，由四种体型分类代号表示体型的适用范围，如表 1–1 所示为女性人体体型分类代号适用范围。

表 1–1　女性人体体型分类代号适用范围　　　　　　　单位：cm

体型分类代号	Y	A	B	C
胸围与腰围之差	19 ~ 24	14 ~ 18	9 ~ 13	4 ~ 8

新号型标志具有普遍性、规范化、易记和信息量大的特点，如 160/84A 的规格，160 号表示适用于身高 158 ~ 162cm 的女性身高；84 型表示适用于胸围在 82 ~ 85cm 女性胸围；A 表示适用于胸腰差在 14 ~ 18cm 的女性。

二、女装号型系列

规格以号型系列表示，号型系列各数值均以中间体型为中心向两边依次递增或递减。身高以 5cm 分档，共分七档，即 145cm、150cm、155cm、160cm、165cm、170cm 、175cm。胸围和腰围分别是以 4cm 和 2cm 分档，组成型系列。身高与胸围、腰围搭配分别组成 5·4 和 5·2 基本号型系列，国家标准推出四个系列规格。

表 1–2 ~ 表 1–5 所示为 5·4、5·2 号型系列，其中 5 表示身高分档之差是 5cm，4 表示胸围分档之差，2 表示腰围分档之差。

表 1–2　5·4、5·2 Y 号型系列　　　　　　　　单位：cm

胸围\腰围\身高	145		150		155		160		165		170		175	
72	50	52	50	52	50	52	50	52						
76	54	56	54	56	54	56	54	56	54	56				
80	58	60	58	60	58	60	58	60	58	60	58	60		
84	62	64	62	64	62	64	62	64	62	64	62	64	62	64
88	66	68	66	68	66	68	66	68	66	68	66	68	66	68
92			70	72	70	72	70	72	70	72	70	72	70	72
96					74	76	74	76	74	76	74	76	74	76

表1-3 5·4、5·2 A号型系列 单位：cm

胸围＼身高＼腰围	145			150			155			160			165			170			175		
72				54	56	58	54	56	58	54	56	58									
76	58	60	62	58	60	62	58	60	62	58	60	62	58	60	62						
80	62	64	66	62	64	66	62	64	66	62	64	66	62	64	66	62	64	66			
84	66	68	70	66	68	70	66	68	70	66	68	70	66	68	70	66	68	70	66	68	70
88	70	72	74	70	72	74	70	72	74	70	72	74	70	72	74	70	72	74	70	72	74
92				74	76	78	74	76	78	74	76	78	74	76	78	74	76	78	74	76	78
96							78	80	82	78	80	82	78	80	82	78	80	82	78	80	82

表1-4 5·4、5·2 B号型系列 单位：cm

胸围＼身高＼腰围	145		150		155		160		165		170		175	
68			56	58	56	58	56	58						
72	60	62	60	62	60	62	60	62	60	62				
76	64	66	64	66	64	66	64	66	64	66				
80	68	70	68	70	68	70	68	70	68	70	68	70		
84	72	74	72	74	72	74	72	74	72	74	72	74	72	74
88	76	78	76	78	76	78	76	78	76	78	76	78	76	78
92	80	82	80	82	80	82	80	82	80	82	80	82	80	82
96			84	86	84	86	84	86	84	86	84	86	84	86
100			88	90	88	90	88	90	88	90	88	90	88	90
104							92	94	92	94	92	94	92	94

表1-5 5·4、5·2 C号型系列 单位：cm

胸围＼身高＼腰围	145		150		155		160		165		170		175	
68	60	62	60	62	60	62								
72	64	66	64	66	64	66	64	66						
76	68	70	68	70	68	70	68	70						
80	72	74	72	74	72	74	72	74	72	74				
84	76	78	76	78	76	78	76	78	76	78	76	78		
88	80	82	80	82	80	82	80	82	80	82	80	82		
92	84	86	84	86	84	86	84	86	84	86	84	86	84	86

续表

身高＼腰围＼胸围	145		150		155		160		165		170		175	
96			88	90	88	90	88	90	88	90	88	90	88	90
100			92	94	92	94	92	94	92	94	92	94	92	94
104					96	98	96	98	96	98	96	98	96	98
108							100	102	100	102	100	102	100	102

三、女装号型系列分档数值

为使女装号型具有实用性，以上述号型系列为基础，对人体主要部位数据进行数理统计，制定出"女装号型系列分档数值"，作为服装板师制板和推板的基础参数。表1-6 ~ 表1-9 所示分别为女装 Y 号型、A 号型、B 号型和 C 号型系列分档数值表。

表 1-6　女装 Y 号型系列分档数值 单位：cm

体型	Y							
部位	中间体		5·4系列		5·2系列		身高①、胸围②、腰围③每增减 1cm	
	计算数	采用数	计算数	采用数	计算数	采用数	计算数	采用数
身高	160	160	5	5	5	5	1	1
颈椎点高	136.2	136.0	4.46	4.00			0.89	0.80
坐姿颈椎点高	62.6	62.5	1.66	2.00			0.33	0.40
全臂长	50.4	50.5	1.66	1.50			0.33	0.30
腰围高	98.2	98.0	3.34	3.00	3.34	3.00	0.67	0.60
胸围	84	84	4	4			1	1
颈围	33.4	33.4	0.73	0.80			0.18	0.20
总肩宽	39.9	40.0	0.70	1.00			0.18	0.25
腰围	63.6	64.0	4	4	2	2	1	1
臀围	89.2	90.0	3.12	3.60	1.56	1.80	0.78	0.90

注　①身高所对应的高度部位是颈椎点高、坐姿颈椎点高、全臂长、腰围高。
　　②胸围所对应的围度部位是颈围、总肩宽。
　　③腰围所对应的围度部位是臀围。

表 1-7 女装 A 号型系列分档数值   单位：cm

体型	A							
部位	中间体		5·4 系列		5·2 系列		身高①、胸围②、腰围③ 每增减 1cm	
	计算数	采用数	计算数	采用数	计算数	采用数	计算数	采用数
身高	160	160	5	5	5	5	1	1
颈椎点高	136.0	136.0	4.53	4.00			0.91	0.80
坐姿颈椎点高	62.6	62.5	1.65	2.00			0.33	0.40
全臂长	50.4	50.5	1.70	1.50			0.34	0.30
腰围高	98.1	98.0	3.37	3.00	3.37	3.00	0.68	0.60
胸围	84	84	4	4			1	1
颈围	33.7	33.6	0.78	0.80			0.20	0.20
总肩宽	39.9	39.4	0.64	1.00			0.16	0.25
腰围	68.2	68	4	4	2	2	1	1
臀围	90.9	90.0	3.18	3.60	1.59	1.80	0.80	0.90

注 ①身高所对应的高度部位是颈椎点高、坐姿颈椎点高、全臂长、腰围高。
    ②胸围所对应的围度部位是颈围、总肩宽。
    ③腰围所对应的围度部位是臀围。

表 1-8 女装 B 号型系列分档数值   单位：cm

体型	B							
部位	中间体		5·4 系列		5·2 系列		身高①、胸围②、腰围③ 每增减 1cm	
	计算数	采用数	计算数	采用数	计算数	采用数	计算数	采用数
身高	160	160	5	5	5	5	1	1
颈椎点高	136.3	136.5	4.57	4.00			0.92	0.80
坐姿颈椎点高	63.2	63.0	1.81	2.00			0.36	0.40
全臂长	50.5	50.5	1.68	1.50			0.34	0.30
腰围高	98.0	98.0	3.34	3.00	3.30	3.00	0.67	0.60
胸围	88	88	4	4			1	1
颈围	34.7	34.6	0.81	0.80			0.20	0.20
总肩宽	40.3	39.8	0.69	1.00			0.17	0.25
腰围	76.6	78.0	4	4	2	2	1	1
臀围	94.8	96.0	3.27	3.20	1.64	1.60	0.82	0.80

注 ①身高所对应的高度部位是颈椎点高、坐姿颈椎点高、全臂长、腰围高。
    ②胸围所对应的围度部位是颈围、总肩宽。
    ③腰围所对应的围度部位是臀围。

表 1-9 女装 C 号型系列分档数值　　　　　　　　单位：cm

体型	C							
部位	中间体		5·4 系列		5·2 系列		身高①、胸围②、腰围③ 每增减 1cm	
	计算数	采用数	计算数	采用数	计算数	采用数	计算数	采用数
身高	160	160	5	5	5	5	1	1
颈椎点高	136.5	136.5	4.48	4.00			0.90	0.80
坐姿颈椎点高	62.7	62.5	1.80	2.00			0.35	0.40
全臂长	50.5	50.5	1.60	1.50			0.32	0.30
腰围高	98.2	98.0	3.27	3.00	3.27	3.00	0.65	0.60
胸围	88	88	4	4			1	1
颈围	34.9	34.8	0.75	0.80			0.19	0.20
总肩宽	40.5	39.2	0.69	1.00			0.17	0.25
腰围	81.9	82	4	4	2	2	1	1
臀围	96.0	96.0	3.33	3.20	1.67	1.60	0.83	0.80

注　①身高所对应的高度部位是颈椎点高、坐姿颈椎点高、全臂长、腰围高。
　　②胸围所对应的围度部位是颈围、总肩宽。
　　③腰围所对应的围度部位是臀围。

四、女装号型系列控制部位数值

为使女装号型系列与相对应的人体及服装对号入座，根据上述"女装号型系列分档数值"制定出"女装号型系列控制部位数值"，如表 1-10 ～ 表 1-13 所示，服装板师在确定某规格时，可依此查出对应部位的尺寸。

表 1-10　5·4、5·2 Y 号型系列控制部位数值　　　　　　单位：cm

部位	数值						
身高	145	150	155	160	165	170	175
颈椎点高	124.0	128.0	132.0	136.0	140.0	144.0	148.0
坐姿颈椎点高	56.5	58.5	60.5	62.5	64.5	66.5	68.5
全臂长	46.0	47.5	49.0	50.5	52.0	53.5	55.0
腰围高	89.0	92.0	95.0	98.0	101.0	104.0	107.0

续表

部位	数值												
胸围	72		76		80		84		88		92		96
颈围	31.0		31.8		32.6		33.4		34.2		35.0		35.8
总肩宽	37.0		38.0		39.0		40.0		41.0		42.0		43.0
腰围	50	52	54	56	58	60	62	64	66	68	70	72	74	76
臀围	77.4	79.2	81.0	82.8	84.6	86.4	88.2	90.0	91.8	93.6	95.4	97.2	99.0	100.8

表1-11　5·4、5·2A号型系列控制部位数值　　　　单位：cm

部位	数值																			
身高	145			150			155			160			165			170			175		
颈椎点高	124.0			128.0			132.0			136.0			140.0			144.0			148.0		
坐姿颈椎点高	56.5			58.5			60.5			62.5			64.5			66.5			68.5		
全臂长	46.0			47.5			49.0			50.5			52.0			53.5			55.0		
腰围高	89.0			92.0			95.0			98.0			101.0			104.0			107.0		
胸围	72			76			80			84			88			92			96		
颈围	31.2			32.0			32.8			33.6			34.4			35.2			36.0		
总肩宽	36.4			37.4			38.4			39.4			40.4			41.4			42.4		
腰围	54	56	58	58	60	62	62	64	66	66	68	70	70	72	74	74	76	78	78	80	82
臀围	77.4	79.2	81.0	81.0	82.8	84.6	84.6	86.4	88.2	88.2	90.0	91.8	91.8	93.6	95.4	95.4	97.2	99.0	99.0	100.8	102.6

表1-12　5·4、5·2B号型系列控制部位数值　　　　单位：cm

部位	数值									
身高	145		150		155		160		165	
颈椎点高	124.5		128.5		132.5		136.5		140.5	
坐姿颈椎点高	57.0		59.0		61.0		63.0		65.0	
全臂长	46.0		47.5		49.0		50.5		52.0	
腰围高	89.0		92.0		95.0		98.0		101.0	
胸围	68	72	76	80	84	88	92	96	100	104

续表

部位	数值																			
颈围	30.6		31.4		32.2		33.0		33.8		34.6		35.4		36.2		37.0		37.8	
总肩宽	34.8		35.8		36.8		37.8		38.8		39.8		40.8		41.8		42.8		43.8	
腰围	56	58	60	62	64	66	68	70	72	74	76	78	80	82	84	86	88	90	92	94
臀围	78.4	80.0	81.6	83.2	84.8	86.4	88.0	89.6	91.2	92.8	94.4	96.0	97.6	99.2	100.8	102.4	104.0	105.6	107.2	108.8

表 1-13 5·4、5·2 C 号型系列控制部位数值　　单位：cm

部位	数值						
身高	145	150	155	160	165	170	175
颈椎点高	124.5	128.5	132.5	136.5	140.5	144.5	148.5
坐姿颈椎点高	56.5	58.5	60.5	62.5	64.5	66.5	68.5
全臂长	46.0	47.5	49.0	50.5	52.0	53.5	55.0
腰围高	89.0	92.0	95.0	98.0	101.0	104.0	107.0

部位	数值																					
胸围	68		72		76		80		84		88		92		96		100		104		108	
颈围	30.8		31.6		32.4		33.2		34.0		34.8		35.6		36.4		37.2		38.0		38.8	
总肩宽	34.2		35.2		36.2		37.2		38.2		39.2		40.2		41.2		42.2		43.2		44.2	
腰围	60	62	64	66	68	70	72	74	76	78	80	82	84	86	88	90	92	94	96	98	100	102
臀围	78.4	80.0	81.6	83.2	84.8	86.4	88.0	89.6	91.2	92.8	94.4	96.0	97.6	99.2	100.8	102.4	104.0	105.6	107.2	108.8	110.4	112.0

第四节　女装结构制图规则、方法与常用工具

一、女装结构制图规则

服装结构制图是沟通设计、生产、管理部门的技术语言，是组织和指导生产的重要技术文件。服装结构设计语言是一种对标准样板制定、系列样板缩放起指导作用的技术语言。服装制图的规则和符号有着严格的规定，以此来保证和规范制图格式的统一。

（一）制图顺序

（1）先画面料图，后画辅料图：一件服装所使用的辅料应与面料相配合，制图时，

应先制好面料的结构图，然后再根据面料来配辅料。辅料包括里料、衬及装饰件（包括镶嵌条、滚条、花边等）。

（2）先画主部件，后画零部件：上装的主要部件指前后衣片、大小袖片，上装的零部件指领子、口袋、袋盖、挂面、袖头、袋垫、嵌条等。主部件的裁片面积比较大，且对丝缕的要求比较高，先画主部件有利于合理排料。

（3）先定长度，再定宽度，后画弧线：对于某一衣片制图的顺序一般是先定长度，如衣片的底边线、上平线、落肩线、胸围线、腰节线、领口深线等；再定宽度，如衣片的领口宽线、肩宽线、胸（背）宽线、胸围线等。这样，衣片的大小已基本画定。制图时一定要做到长度与宽度的线条互相垂直，也就是面料的经向与纬向相互垂直。最后根据体型及款式的要求，将各部位用弧线连接画顺。

（4）先画外轮廓线，后画内部结构线：一件服装除外轮廓线外，衣片的内部还有扣眼及口袋的位置，以及省、裥或分割线的位置等。制图时应先完成外轮廓线的结构图，然后再画内部的结构线。衣片的内部结构也要按一定顺序制图，否则就不可能正确制图。

我国传统的制图步骤是先画前衣片，而国外较多采用先制后衣片的方法。在使用原型和基型制图时，应先画好符合人体规格的衣片或袖片的原型或基型图，然后才能绘制出结构图。

（二）制图尺寸

（1）公制：公制是国际通用的计量单位。服装上常用的计量单位是毫米（mm）、厘米（cm）、分米（dm）、米（m），以厘米为最常见。公制的优点是计算简便，已成为我国通用的计量单位。

（2）市制：市制是过去我国通用的计量单位。服装上常用的长度计量单位有市尺、市寸、市丈，现在已不通用。

（3）英制：英制是英美等英语国家中习惯使用的计量单位。我国对外生产的服装规格常使用英制。服装上常用的英制长度计量单位是英寸、英尺、码。英制由于不是十进位制，计算时很不方便。

公制、市制和英制的换算，如表 1–14 所示。

表 1–14 公制、市制、英制的换算表

公制换算	1 米 =3 尺 =39.37 英寸 1 分米 =3 寸 =3.93 英寸 1 厘米 =3 分 =0.39 英寸
市制换算	1 尺 =3.33 分米 =13.12 英寸 1 寸 =3.33 厘米 =1.31 英寸 1 分 =3.33 毫米
英制换算	1 码 =91.44 厘米 =27.43 寸 1 英尺 =30.48 厘米 =9.14 寸 1 英寸 =2.54 厘米 =0.76 寸

（三）制图比例

服装制图比例指制图时图形的尺寸与服装部件（衣片）的实际大小的尺寸之比。服装制图中大部分采用缩比，即将服装部件（衣片）的实际尺寸缩小若干倍后制作在图纸上，服装常用的制图比例如表 1–15 所示。

表 1–15　服装常用的制图比例

原值比例	1：1
缩小比例	1：2，1：3，1：4，1：5，1：6，1：10
放大比例	2：1，4：1

（四）服装结构制图专业术语及主要部位符号

服装制图专业术语是为了统一服装中的各部位名称，使之规范化、标准化，以便于进行更好的交流与沟通。参照《服装工业名词术语》，服装的常用术语如下。

（1）净样：亦称净粉制图，指服装主件和部件样板的实际轮廓线，不包括缝份和折边。净样线条是服装结构造型线的重要依据，是缝制工艺中的缝合线或塑形后的边缘线。

（2）缝份：指缝合服装裁片所需要的宽度，一般为 0.8 ~ 1.5cm，多选 1cm。

（3）折边：亦称贴边或窝边。指服装边缘部位的翻折贴边，如上衣的底边、袖口、脚口等均有自带的折边，起加固作用。也有另绱折边的，多用于曲线部位。折边量为 2.5 ~ 4.5cm。

（4）毛样：亦称毛粉制图，包括缝份和折边。在净样板轮廓线外，另加放缝份与折边，再沿外轮廓线裁剪即成为毛样板。

（5）画顺：直线与弧线或弧线与弧线的连接处应绘制圆顺美观，称画顺。

（6）撇门（劈势）：指轮廓线向着直线偏进的距离大小，如上装门、里襟上端的偏进量，亦有称劈门或撇胸。

（7）翘势：轮廓线沿着水平线上翘（抬高）的距离，如底边线、袖口线和裤后腰口线等均有翘势。

（8）凹势：为了便于准确地画顺袖窿、袖窿门和袖山底部等凹弧线而注明的尺寸。

（9）困势：指轮廓线与直线偏出的距离，如后裤片臀围侧缝处比前裤片倾斜下移的程度。

（10）门襟、里襟：指衣片或裤片重叠的部分，上片锁扣眼为门襟、下片钉纽扣为里襟。

（11）搭门：也称叠门，是门、里襟相重叠的部位，不同款式的搭门宽度不同，如单排扣的搭门为 2cm 左右，双排扣的搭门为 9cm 左右。

（12）止口：指门、里襟或领、袋等的边缘处。

（13）门襟止口：指门襟的边缘处，有另加挂面和连止口（门襟挂面与衣片相连）

两种形式。

（14）挂面：通常搭门的反面有一层比搭门宽的贴边，俗称挂面；驳领款式的驳头挂面在正面。

（15）过肩：指上装肩部横向拼接的部分，有双层和单层之分。

（16）驳头：指衣身上随领子一起翻出的挂面上段部位。

（17）驳口线：指驳头翻折线。

（18）串口：指领面与驳头面的缝合线，即直开领口斜线。

（19）侧缝：上衣侧缝也称为摆缝，通常位于人体的侧体中间或背宽线处，是形成四开身或三开身结构的因素。裤子侧缝一般位于大腿侧体中间。

（20）背缝：也称背中缝，为了满足后背侧体曲线或款式造型的需要，在后衣片中间设置的结构线。

（21）肩缝：指前、后衣片肩部的缝合线，一般位于肩膀中间，也可前后少量移动，即互借。

（22）袖缝：指大、小袖片的缝合线，分前、后袖缝。

（23）省道：也称省或省缝，为适合款式造型的需要，将一部分衣料缝进去，正面只见一条缝儿，如西装的腰省、裤子的腰省等。

（24）褶裥：也称折裥或裥，根据体型或造型的需要，将部分衣料折叠熨烫，并缝住一端，另一端散开的形式，有 T 形褶裥和平行褶裥等。

（25）袖头（袖克夫）：亦称袖口边，是缝接在袖口处的双层镶边，多为长方形。

（26）腰头：指缝接在裤子腰围或夹克腰围、下摆围的双层镶边。

（27）分割缝：为了符合体型或满足款式造型的需要，在衣片、袖片或裤片等裁片上剪开，形成新的结构缝或装饰缝，称为分割缝。一般按方向和形状命名，如横断缝、刀背缝等，在断缝时，可将肩背省或胸省转移至缝中。

（28）衩：为了穿脱方便或装饰需要而设置的开口形式。一般根据部位命名，如背开缝下部称背衩，袖口部位称袖开衩，侧缝下部称侧缝开衩。

（29）贴边：指另加的折边，如马甲（背心）的袖窿或无领衣服的领口等部位，为了使边缘牢固美观，按其形状裁配的折边，一般净宽 3 ~ 4.5cm。贴边的纱向应与裁片相同。

（30）丝缕：织物的纱向，分横、直、斜丝缕，斜丝又分正斜（45°）和各种角度的斜丝。直丝布料挺拔不易变形，横丝布料略有弹性，斜丝布料弹性足、悬垂性好。正确的使用纱向是纸样设计的任务之一。与经纱平行的方向称直丝，与纬纱平行的方向称横丝，与直丝横丝都不平行则称斜丝。

（31）对位记号：在工业纸样设计中，用小方缺口表示两片之间的连接对位关系。

（32）高和长：指人体高矮和衣裤等部位的长短，如衣长、裤长、袖长及腰节高、腰节长、袖山高（或深）等。

（33）围或肥（大）：指人体各部位横度一周的总称。在衣服上分别称为领围、胸围、腰围、臀围与领大、上腰大、中腰大、下摆大、袖口大、袖根肥等（围、肥、大是同义词）。

（34）宽：指各部位的宽度。在衣服上分别称为胸宽、背宽、总肩宽、小肩宽、搭门宽、袋盖宽等。

（35）装或绱：装和绱是同义词，都是两片缝合的意思，一般指将领子装到领口上、袖山装到袖窿上、腰头装在裤子上等，称为装领装袖或装袖头、装裤腰头等。为确保造型质量，在两片的对位处都有吻合的对位记号（打线丁或刀口等）。

（36）里外匀（窝势、窝服）：大多数裁片的角端都需制作出窝势，既美观又符合人体形态，因此，面、里纸样或裁片有大小之分，如袋盖里比袋盖面四周窄 0.3cm 左右，领里与领面、挂面与衣片等亦是如此。

服装各种图示中英文对照表，如表 1-16 所示；服装结构制图术语中英文对照表，如表 1-17 所示。

表 1-16　服装各种图示中英文对照表

中文名称	英文名称	含义
示意图	Schematic drawing, Sketch	为表达某部件的结构组成、加工时的缝合形态以及成型后的外观效果而制定的一种解释图
设计图	Design drawing, Pattern sketch	一般是不涂颜色的现描稿，要求各部位成比例，不允许夸张
效果图	Effect drawing	体现整体构思及最终穿着效果所使用的一种绘画形式

表 1-17　服装结构制图术语中英文对照表

中文名称	英文对照	含义
上衣基本线	Basic	上衣制图基本线
衣长线	Length	确定上衣长度的位置线，与上衣基本线保持平行
胸围线	Chest line，Bust line	表示胸围和袖窿深的位置线
腰节线	Waist	表示腰围的位置
下摆	Bottom，hem，sweep	表示衣服的下摆线
领口深线	Neck depth line	表示领口深度的尺寸线，与止口线平行
止口线	Front edge	门襟外口轮廓线
搭门线	Centre front line	门襟正中两片重叠线
斜线	Bias line，oblique line	象棋棋盘方格中的对角线
垂直线	Vertical line	与作为基准的线相垂直的线
胸宽线	Chest width line，bust width line	表示胸部宽度的尺寸线，与止口线平行
收腰线	Waist	中腰围尺寸线
领窝线	Neck line	领口的轮廓线
领围、领圈	Neck，Neckline，Neck Opening	领子一周的轮廓线
肩宽直线	Across	表示前肩宽的尺寸线，与止口线平行

续表

中文名称	英文对照	含义
肩斜线	Shoulder slop line	表示肩的坡度线
摆缝线	Side	垂直于胸围线，表示衣片胸围的尺寸
袋口线	Pocket position	口袋位置线
底边线	Hem	底边轮廓线
袖窿斜线	Raglan slope line	连肩袖从前领口至袖窿深的前宽斜线
后背中心线	Center back line	后衣片两片对称并相连接的中心线
开衩线	Vent line	开衩高度和贴边宽度线
袖长线	Length line	表示袖长的位置线，与袖子基本线平行
袖口线	Sleeve hem	表示袖口的轮廓线
袖衩线	Sleeve slit	开衩轮廓线
袖窿线	Armhole	袖窿的轮廓线
驳口线	Lapel roll line	驳头宽度的尺寸线

服装结构制图中常用的字母代号，如表1-18所示；服装结构制图符号，如表1-19所示。

表1-18 服装结构制图中常用的字母代号

序号	部位	代号	英文	序号	部位	代号	英文
1	胸围	B	Bust	18	背长	NWL	Neck Waist Length
2	腰围	W	Waist	19	腰长	WHL	Waist Hip Length
3	臀围	H	Hip	20	上裆长	RL	Rise Length
4	颈根围（或领围）	N	Neck	21	下裆长	IL	Inside Length
5	胸高点	BP	Bust Point	22	袖长	SL	Sleeve Length
6	胸围线	BL	Bust Line	23	袖肥	BC	Biceps Circumference
7	腰围线	WL	Waist Line	24	袖山	AT	Arm Top
8	臀围线	HL	Hip Line	25	袖口	CW	Cuff Width
9	中臀围线	MHL	Middle Hip Line	26	总肩宽	S	Shoulder
10	肘线	EL	Elbow Line	27	前颈点	FNP	Front Neck Point
11	膝围线	KL	Knee Line	28	后颈点	BNP	Back Neck Point
12	袖窿总弧长	AH	Arm Hole	29	肩颈点	SNP	Side Neck Point
13	前袖窿弧长	FAH	Front Arm Hole	30	肘点	EP	Elbow Point
14	后袖窿弧长	BAH	Back Arm Hole	31	肩端点	SP	Shoulder Point
15	衣长	L	Length	32	脚口（裤口）	SB	Slacks Bottom
16	裤长	TL	Trousers Length	33	胸宽	FBW	Front Bust Width
17	裙长	SL	Skirt Length	34	背宽	BBW	Back Bust Width

表 1–19　服装结构制图符号

序号	名称	符号	主要用途
1	制成线	———— — ————	净或毛纸样的轮廓线
2	辅助线（基础线）	— — — — —	纸样的基础线
3	对折线	—·—·—·—·—	对称连折线
4	明　线	=======	缉明线，有宽窄和数量之分
5	挂面线	—··—··—··	挂面线（亦称贴边线）
6	等分线	⌢⌣⌢⌣	某线段分成若干相等的小段
7	距离线（尺寸线）	⊢——⊣	某部位起止点间距
8	省道线	◇　∧	三角形部分需要缝或折掉，省尖指向人体凸点，省口为人体凹处
9	活褶（或褶裥）		某部位需折叠，斜线上端向下端折叠
10	缩褶（或细褶）	⌇⌇⌇⌇⌇	某部位需用手缝或机缝的方法收缩
11	等　量	∅ ○ □	两线段等长
12	直　角	⌐	直线与弧线或弧线的切线交角为90°

序号	名称	符号	主要用途
13	布纹线		布料的经纱方向
14	倒顺		箭头方向为顺毛或图案的正立方向
15	重叠		纸样重叠裁剪
16	归拢		某部位需熨烫归缩。张口方向为收缩方向，3条圆弧线表示强归，2条圆弧线表示弱归
17	整形（拼合）		纸样拼接；肩线、侧缝线等处常以前、后身拼接纸样的方式变化为整片结构，要标出整形符号
18	三角刀口、直角刀口		三角刀口常用于单件裁剪的纸样或裁片的对位符号；直角刀口一般用于工业裁剪，也可用于普通纸样
19	眼位		衣服扣眼的位置
20	纽位		衣服钉纽扣的位置
21	开衩		开衩止点的位置
22	开口		开口止点的位置

二、女装结构制图方法

（一）比例法

比例法又称"胸度法"，是我国传统的服装制图裁剪方法之一，服装各部件采用一定的比例再加减一个定数来计算。例如：前后衣片的胸围用 $B/4$ ± 定数、$B/3$ ± 定数；裤子的臀围用 $H/4$ ± 定数来计算等。

比例裁剪法应用比较灵活，容易学会，穿着者的体型、大小不同时，都能按这种比例方法作图。目前，服装行业样板的推档也主要使用比例公式来求得档差。但比例裁剪的计算公式准确性较差，中号尺寸计算还可以，过大或过小的规格尺寸误差则较大，需要对某些组合部位进行一些修正。

（二）原型法

按正常人的体型，测量出各个部位的标准尺寸，用这个标准尺寸制出服装的基本形状，称为服装的原型。服装的原型只是服装平面制图的基础，不是正式的服装裁剪图。

各个国家，由于人体体型的不同，都有不同的原型。但原型的尺寸都是通过立体的方法采得的。无论是英国、美国、日本，服装的原型都由五个部分组成，即上衣的前后片、袖子和裙子的前后片。

我国人体体型与日本较接近，国内出版的服装书刊又大量地应用日本原型裁剪法，日本的原型裁剪主要有文化式、登丽美式等。特别是日本文化式原型的裁剪，容易学习、传播最广、影响最大。

文化式原型的主要优点是准确可靠、简便易学、可以长期使用。但它的不足之处是按正常人体绘制的，对于不同体型，必须对原型的某些部位作一些修正之后，才能进行制图裁剪。

（三）基型法

基型裁剪法是在借鉴原型法的基础上提炼而成的。基型裁剪法是由服装成品胸围尺寸推算得到的，各围度的放松量不必加入，只需根据款式造型要求制定即可（原型法是以在人体净胸围基础上加放松量为基数推算而得，围度的放松量待放，还要考虑放松量和款式的差异因素）。基型裁剪法在我国起步较晚，但其易学、易用，本书对基型法结构设计理论体系做了系统性完善，并将其创新应用于女装结构设计实践。

（四）立裁法

立体裁剪法是将衣料（或坯布）覆盖在人体模型或真人身上，直接进行服装立体造型设计的裁剪方法。这种裁剪方法是在人体或人体模型上直接造型，要求操作者有较高的审美能力，运用艺术的眼光，根据服装款式的需要，一面操作，一面修改或添加，然后把认为理想的造型展开成衣片，拷贝到纸面上，经修改过，再依据纸样裁剪面料，有时也直接用面料在人体模型上造型，最后加工缝制。

立体裁剪没有计算公式，也不受任何数字的束缚，完全是凭直观的形象、艺术的感觉在人体上进行雕塑，"衣服不是靠尺寸来制作，是靠整个感觉来做的"。

立体裁剪不但适用于单件高档时装和礼服的制作，还可应用于日常生活服装及成衣批量生产的裁剪，对于特殊体型服装的裁剪，也可通过立体造型的方法，来弥补人体体型上的缺陷和不足。在现代成衣生产中，常用平面制图与立体裁剪相结合的方法来设计时装款式，但立体裁剪有一定的难度，要求裁剪人员具有较高的文化素质和艺术造诣。

三、女装结构制图常用工具

为了绘制出质量合格的服装结构图样板和纸样，应该准备相适应的工具。

（一）工作台

工作台的台面应平整，规格以长 1.4 ~ 2m、宽 0.8 ~ 2.1m、高 0.85m 左右为宜，至少应有容纳一张整开白纸的面积，最好再大些，以利于制板和裁剪两用。

（二）尺

制图和制板用的尺主要有软尺、直尺、比例尺、三角尺、曲线板等。软尺的长度多为 150cm，用于量体和测量纸样中的袖窿、袖山、领口等部位的曲线长度。直尺用于结构图和纸样中的长度、高度等直线的绘制。曲线板用于绘制有弧线的部位，但在绘制弧线中，最好不要过分依赖曲线板，在充分理解各部位曲线功能的基础上，应加强运用直尺绘制曲线或熟练控制曲线板的造型能力。三角尺是用来绘制直线和找直角线的，三角尺上最好带量角器，用以测量角度。另外还有直尺式三棱的比例尺，较受院校学生的欢迎，主要绘制各种比例的缩图，常用 1 ： 500，1 ： 600，1 ： 400，1 ： 300，1 ： 200 等比例。

（三）剪刀

剪刀应选择专用剪刀，常用的有 24cm（9 号）、26cm（10 号）、29cm（11 号）和 31cm（12 号）等几种规格。剪纸和剪布的剪刀要分开使用，剪硬纸板时应该用旧剪刀。

（四）纸

绘制缩图和制板多采用厚度和强度较好的白纸，1 ： 1 比例的纸样亦可选择韧性好的牛皮纸或白纸。

（五）铅笔、蜡铅笔、划粉

铅笔用于制图和制板，通常使用专用绘图铅笔，常用 4H、3H、2H、H、HB、B 和 2B。H 为硬型，B 为软型，HB 为软硬适中型，用处最大。号越大则软硬程度越大，绘制时应根据用途选择。一般绘制缩图多选择 2H 画基础线，HB 画轮廓线，打板则选择 H 和 HB 或 B。

蜡铅笔有多种颜色，用于特殊标记的复制，如将纸样上的省位、袋位等复制到布料裁片上，可选择与布料颜色不同的蜡铅笔透过孔洞复制。

划粉是排料时描纸样或直接制图画线的粉片，有深浅不同的颜色，质地差异也较大，可根据布料选择相适应的颜色与质地。质地好的粉片划线细而清晰，还不污染布料，有的遇热之后（熨烫）自动消除线迹。

（六）橡皮

橡皮选择质量好的绘图橡皮用以擦掉错误的线条和不需要的线条。

（七）锥子

锥子用于图纸中省位、褶位、袋位等部位的定位，也可用于复制纸样。

（八）擂盘（复描器）

擂盘是通过齿轮在纸样轮廓线迹上滚动达到复制样板或脱板的目的。

（九）打孔器

打孔器是在样板的下端打圆孔，便于穿绳带分类管理。

（十）圆规

圆规用于纸样或缩图中较精确部位的绘制。

（十一）珠针

珠针用于别布样立体裁剪的造型。

（十二）纤维带

纤维带宽 0.8cm 左右，用于纸样分类管理。

（十三）透明胶条和双面胶

透明胶条和双面胶用于纸样拼接、改错等的粘贴。

（十四）戳子

戳子用在样板上打印编号、品名及号型等。

（十五）铁压块

铁压块是脱板时压在纸样上的重物。

第二章　女下装结构设计原理与应用

第一节　女裙装结构设计原理

一、女裙装结构特点分析

女裙装基本是由围拢腹部、臀部和下肢（不分两腿）的筒状结构组成。其主要由一个长度（裙长）和三个围度（腰围、臀围、摆围）构成。

女裙装基本结构种类可按两种类型划分：

第一种，按臀围线处裙装与人体的贴合程度分类，有直身裙、斜裙、半圆裙、整圆裙、波浪裙等。

第二种，按裙装长度分类，有超短裙、短裙、中裙、中长裙、长裙、特长裙和超长裙等。

在女裙装基本类型结构的基础上，再进行高腰、纵向分割、横向分割、加褶裥等结构造型设计，又可形成若干变化款式。

女裙装结构设计与女性人体体型结构中的腰围、臀围、腰长等有着紧密关系，也是女裙装结构设计是否舒适、合体的主要影响因素。从正身位看，如图 2-1 所示，腰围至臀围区段（腰长）为女裙装（除连衣裙）穿着后的主要贴合区位；从侧身位看，如图 2-2 所示，前身腰至腹部、后身腰至臀部为女裙装（除连衣裙）穿着后的主要贴合区位。

此外，女裙装结构设计要充分考虑人体工效学。基于女裙装的长短变化，其摆围设定与行走步幅有着直接的关系，摆围大小要满足行走过程中基本步幅大小的要求。表 2-1 所示为女性行走基本步幅为 67cm 时，不同长短女裙装的摆围尺寸变化，以此可作为女裙装摆围尺寸设定的参考依据。

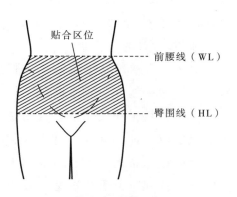

图 2-1　女裙装结构设计正身位贴合区位

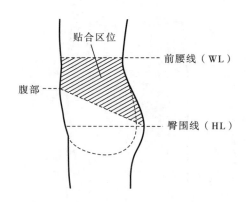

图 2-2　女裙装结构设计侧身位贴合区位

表 2-1　基本步幅与女裙装摆围尺寸的变化关系　　　　　　单位：cm

基本步幅	膝上 10cm	膝	小腿	小腿至脚踝中点	脚踝
67	94	100	126	134	146

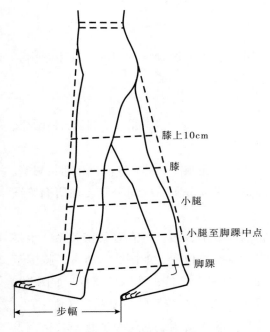

膝上10cm

膝

小腿

小腿至脚踝中点

脚踝

步幅

图 2-3　步幅与女裙装摆围的关系

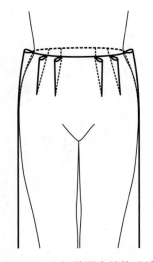

图 2-4　女裙装腰省结构设计

根据图 2-3 所示，可清晰了解行走步幅与女裙装摆围大小的变化关系。

直身裙作为女裙装的基本裙型，裙身的修身、合体是其基本造型的要求，其摆围设定是以臀围尺寸变化为基础。为了满足行走时的基本步幅要求，此类女裙装一般要加入褶裥或开衩等结构性设计。

二、女裙装结构设计原理与方法

女裙装一般采用四开身结构设计和半身结构制图，通过加腰省的方式解决腰、臀差量的变化，以塑造女性人体腰臀部位的合体造型，如图 2-4 所示。

基于女性人体结构特征，女裙装结构设计主要由贴合区和设计区两部分组成，如图 2-5 所示。

贴合区主要通过省、褶、分割等结构设计方式解决裙装与人体的贴合性；设计区为女裙装的造型设计区域，是不同款式造型裙装变化的主要设计区。

如图 2-6 所示，女裙装的实际腰围线位置比腰围水平线在后腰处略偏下，这是女性人体结构特征所决定的；女裙装侧缝位置的设定以人体侧面腹、臀中点和腰围中点向后偏移 1cm 为基准，从而加大前裙身的幅宽，从视觉上看，这是比较均衡的侧缝位置。

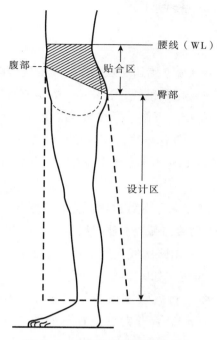

图2-5 女裙装结构设计区分布

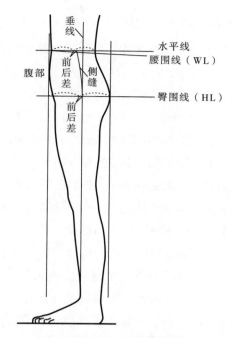

图2-6 女裙装腰围线、侧缝线位置

三、基本型女裙装结构设计

（一）款式特点

基本型女裙装的款式特点为外缲腰头，直身型，裙长至膝，前、后腰口各收四个省，右侧缝上端装隐形拉链，如图2-7所示。

（二）规格设计

基本型女裙装结构设计实例采用165/70A号型规格。

（1）裙长：60cm。

（2）腰围（W）：$W*+（0～2）$cm。

（3）臀围（H）：$H*+4$cm。

（4）腰长：18cm。

（三）结构制图

基本型女裙装的结构制图如图2-8所示。

图2-7 基型裙款式图

（四）结构制图说明

基本型女裙装采用比例法半身结构制图方式。

（1）作长方形：设 $H/2$ 为半臀围、裙长 $-3cm$（腰头宽）为裙身长，作矩形框架结构。右侧边线为前中心线，左侧边线为后中心线，上平线为腰围辅助线，下平线为裙摆辅助线。

（2）作臀围线：取腰长 18cm，以腰围辅助线为基准向下作平行线为臀围线。

（3）作侧缝辅助线：取臀围线中点向左侧量取 1cm 并作垂线，作为侧缝辅助线。

（4）作前腰围线：过腰围辅助线前中点量取 $W/4+1cm$，将前裙片腰臀差三等分，过左等分点向上起翘 1.2cm，画顺前腰口弧线、侧缝线。

（5）作后腰围线：过腰围辅助线后中点量取 $W/4-1cm$，将后裙片腰臀差三等分，过右等分点向上起翘 1.2cm，后腰中点下落 0.5cm，画顺后腰口弧线、侧缝线。

（6）作前腰省：取前腰臀差 1/3 作为省量 = ○，将前腰围线三等分设定省位，过前腰长中点作水平线交于侧缝设定省长并设定前省尖点位置，如图 2-8 中②所示。

（7）作后腰省：取后腰臀差 1/3 作为省量 = ●，将后腰围线三等分设定省位，过后腰长三分之一点作水平线交于侧缝设定省长并设定后省尖点位置，如图 2-8 中

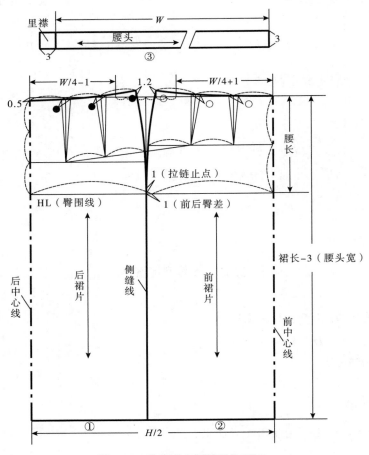

图 2-8　基本型女裙装结构制图

①所示。

（8）作腰头：设腰头宽为3cm，里襟搭门宽为3cm，如图2-8中③所示。

（五）纸样分解（图2-9）

基本型女裙装纸样分解图如图2-9所示。

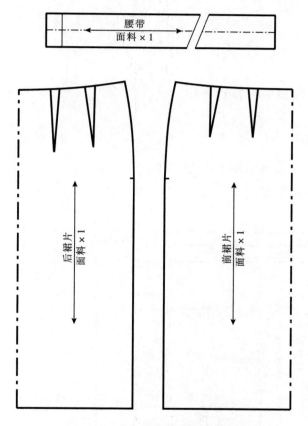

图2-9　基本型女裙装纸样分解图

第二节　女裙装结构设计应用

一、紧身裙结构设计

（一）款式特点

紧身裙的款式特点为外绱腰头，紧身型，裙长至膝，裙摆略向内收，前、后腰口各收四个省，后裙身中缝下摆设开衩，上端装隐形拉链，如图2-10所示。

（二）规格设计

紧身裙结构设计实例采用 165/70A 号型规格，以基本型女裙装规格设计为基础。

（1）裙长：60cm。

（2）腰围（W）：W*+（0 ~ 2）cm。

（3）臀围（H）：H*+4cm。

（4）腰长：18cm。

（三）结构制图

紧身型女裙装结构制图如图 2-11 所示。

（四）结构制图说明

紧身型女裙装可采用基型法结构制图，也可采用比例法半身结构制图方式。

图 2-10　紧身裙款式图

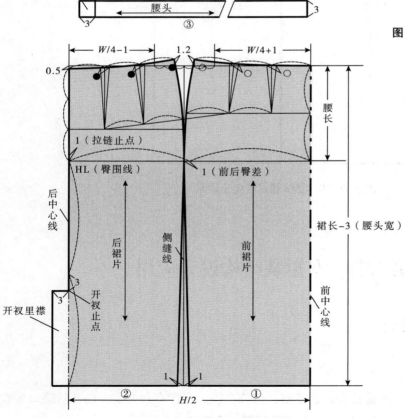

图 2-11　紧身型女裙装结构制图

1. 基型法结构制图

以基本型女裙装纸样为基础纸样，裙摆侧缝处分别向内收 1cm 作修身处理。为方便行走，后裙身裙摆处做开衩处理，后裙片中缝分割为左、右两裙片，开衩门里襟宽为 3cm，臀围线至裙摆中点向下量取 3cm 为开衩止点。设腰头宽为 3cm，腰头里襟搭门量为 3cm。

2. 比例法半身结构制图

（1）作长方形：取 H/2+2cm（松量）为半臀围，裙长 –3cm（腰头宽）为裙身长，作矩形框架结构。右侧边线为前中心线，左侧边线为后中心线，上平线为腰围辅助线，下平线为裙摆辅助线。

（2）作臀围线：取腰长 18cm，以腰围辅助线为基准向下作平行线为臀围线。

（3）作侧缝辅助线：臀围线中点向左侧量取 1cm 并作垂线，作为侧缝辅助线。

（4）作前腰围线：过腰围辅助线前中点量取 W/4+1cm，将前裙片腰臀差三等分，过左等分点向上起翘 1.2cm，画顺前腰口弧线、侧缝线。

（5）作后腰围线：过腰围辅助线后中点量取 W/4–1cm，将后裙片腰臀差三等分，过右等分点向上起翘 1.2cm，后腰中点下落 0.5cm，画顺后腰口弧线、侧缝线。

（6）作前腰省：取前腰臀差 1/3 作为省量 = ○，将前腰围线三等分设定省位，过前腰长中点作水平线交于侧缝设定省长并设定前省尖点位置。

（7）作后腰省：取后腰臀差 1/3 作为省量 = ●，将后腰围线三等分设定省位，过后腰长三分之一点作水平线交于侧缝设定省长并设定后省尖点位置。

（8）作裙摆：紧身裙裙摆侧缝处向内收 1cm，画顺侧缝，如图 2-11 中①、②所示。

（9）作后开衩：设裙摆后开衩宽为 3cm，臀围线至裙摆中点向下量取 3cm 为开衩止点。

（10）作腰头：设腰头宽为 3cm，里襟搭门量为 3cm，如图 2-11 中③所示。

（五）纸样分解图

紧身型女裙装纸样分解图如图 2-12 所示。

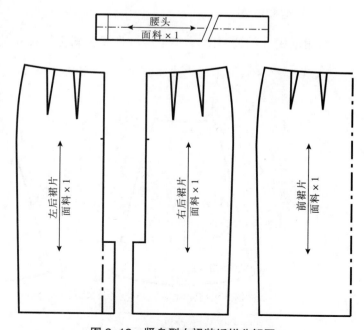

图 2-12　紧身型女裙装纸样分解图

二、斜裙结构设计

（一）款式特点

斜裙又称喇叭裙，属 A 廓型，裙长至膝，腰口不收省，不打褶，下摆呈喇叭形状，右侧缝上端装隐形拉链，如图 2-13 所示。

斜裙下摆的波浪如果从臀部以下开始加放所需松量，则裙片在臀围线以上紧贴人体，臀围线以下呈波浪状；如果从腰围线以下开始加放所需松量，则腰围线以下呈波浪状，如图 2-14 所示。

（二）规格设计

斜裙结构设计实例采用 165/70A 号型规格，以基本型女裙装规格设计为基础。

（1）裙长：60cm。

（2）腰围（W）：W^*+（0 ~ 2）cm。

（3）臀围（H）：H^*+4cm（款式 A），$H^*+4cm +$ 臀围展开量（款式 B）。

（4）腰长：18cm。

图 2-13　斜裙款式图

（三）结构制图

斜裙款式 A 结构制图，如图 2-15 所示；斜裙款式 B 结构制图，如图 2-16 所示。

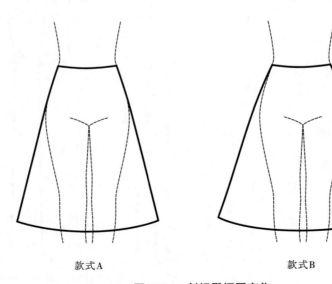

款式A　　　　　　　　　款式B

图 2-14　斜裙臀摆围变化

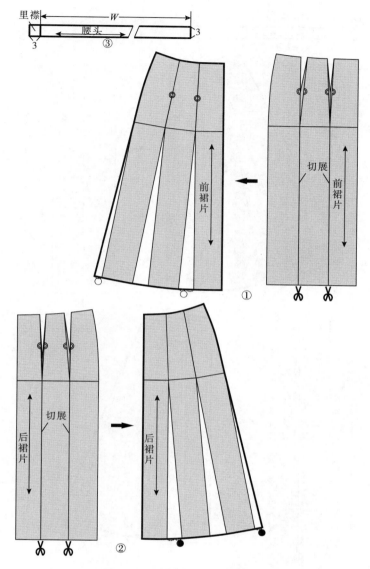

图2-15　斜裙款式A结构制图

（四）结构制图说明

斜裙采用基型法结构制图方式。

1. 斜裙款式A结构制图

（1）以基本型女裙装纸样为基础纸样，将基本型裙装省尖分别垂直移位至臀围线位置，重新画顺省边线，分别过省尖点作垂线至裙底边，并切展。

（2）分别合并各省，裙摆展开，画顺腰围线、侧缝线、底边线，如图2-15中①、②所示。

（3）作腰头：设腰头宽为3cm，里襟搭门量为3cm，如图2-15中③所示。

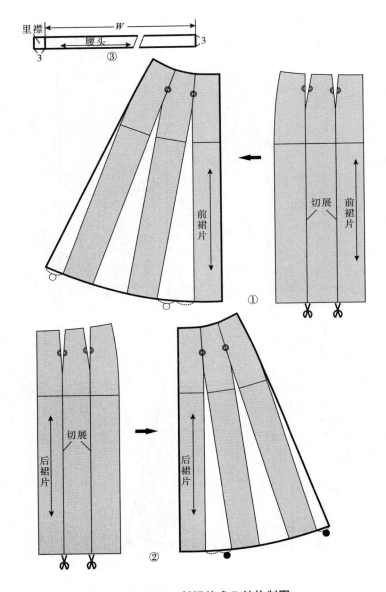

图 2-16　斜裙款式 B 结构制图

2. 斜裙款式 B 结构制图

（1）以基本型女裙装纸样为基础纸样，分别过省尖点作垂线至裙底边，并切展。

（2）分别合并各省，裙摆展开，画顺腰围线、侧缝线、底边线，如图 2-16 中①、②所示。

（3）作腰头：设腰头宽为 3cm，里襟搭门量为 3cm，如图 2-16 中③所示。

（五）纸样分解图

斜裙纸样分解图如图 2-17 所示。

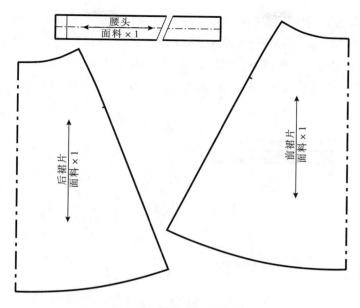

图 2-17 斜裙纸样分解图

三、四片裙结构设计

（一）款式特点

四片裙为紧身 A 廓型，裙长至膝，裙身为四片分割，无省，外缝腰头，后中缝上端装隐形拉链，如图 2-18 所示。

（二）规格设计

四片裙结构设计实例采用 165/70A 号型规格，以基本型女裙装规格设计为基础。

（1）裙长：60cm。

（2）腰围（W）：$W*+$（0 ~ 2）cm。

（3）臀围（H）：$H*+4$cm。

（4）腰长：18cm。

（三）结构制图

四片裙结构制图如图 2-19 所示。

（四）结构制图说明

四片裙采用基型法结构制图方式。

图 2-18 四片裙款式图

（1）以基本型女裙装纸样为基础纸样，过前、后裙片 a 省省尖作垂线至裙底边并切展，分别将前、后裙片 a 省合并，b 省省量分别转至前、后裙片侧缝和中缝处，画顺前、后裙片侧缝线、腰围线、底边线、中缝线，如图 2-19 中①、②所示。

（2）作腰头：设腰头宽为 3cm，里襟搭门量为 3cm，如图 2-19 中③所示。

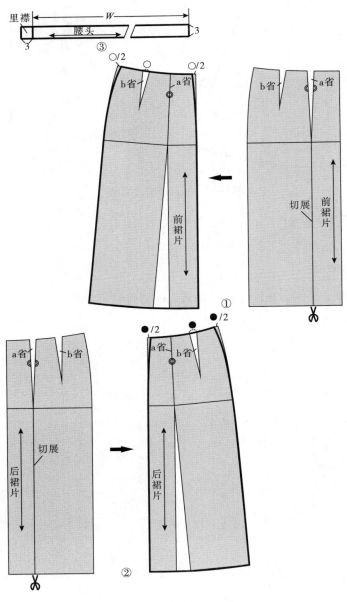

图 2-19　四片裙结构制图

（五）纸样分解图

四片裙纸样分解图如图 2-20 所示。

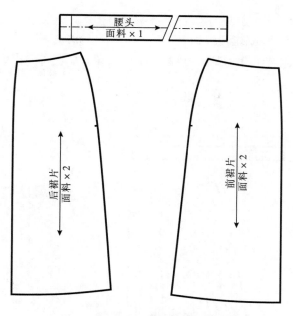

图 2-20　四片裙纸样分解图

四、六片裙结构设计

（一）款式特点

六片裙为半紧身 A 廓型，裙长至膝，裙身为六片分割，无省，外缝腰头，右侧缝上端装隐形拉链，如图 2-21 所示。

（二）规格设计

六片裙结构设计实例采用 165/70A 号型规格，以基本型女裙装规格设计为基础。

（1）裙长：60cm。

（2）腰围（W）：W*+（0 ～ 2）cm。

（3）臀围（H）：H*+4cm+ 臀围展开量。

（4）腰长：18cm。

（三）结构制图

六片裙结构制图如图 2-22 所示。

图 2-21　六片裙款式图

（四）结构制图说明

六片裙采用基型法结构制图方式。

（1）以基本型女裙装纸样为基础纸样，过前、后裙片 a 省省尖作垂线至裙底边并切展，分别将前、后裙片 a 省合并。

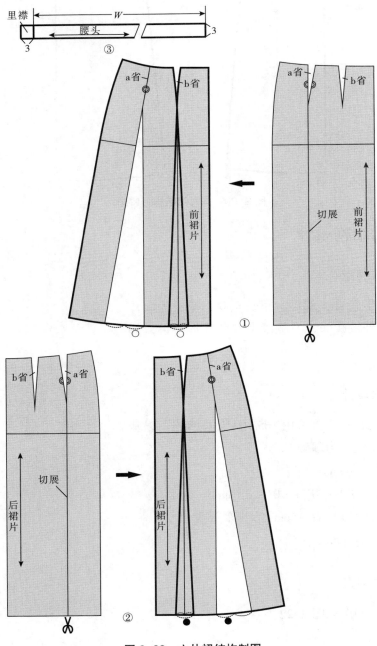

图 2-22　六片裙结构制图

（2）过前、后裙片 b 省省尖作垂线至裙底边，裙摆为展开设计，画顺前、后裙片侧缝线、腰围线，如图 2-22 中①、②所示。

（3）作腰头：设腰头宽为 3cm，里襟搭门量为 3cm，如图 2-22 中③所示。

（五）纸样分解图

六片裙纸样分解图如图 2-23 所示。

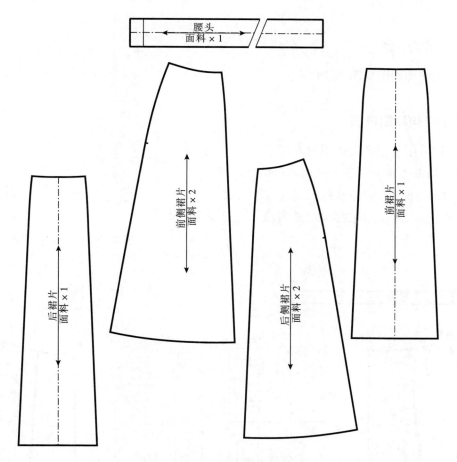

图 2-23　六片裙纸样分解图

五、八片裙结构设计

（一）款式特点

八片裙为半紧身 A 廓型，裙身为八片分割，无省，外缝腰头，右侧缝上端装隐形拉链，如图 2-24 所示。

（二）规格设计

八片裙结构设计实例采用 165/70A 号型规格，以基本型女裙装规格设计为基础。

（1）裙长：60cm。

（2）腰围（W）：$W*+（0 \sim 2）$cm。

（3）臀围（H）：$H*+4$cm+ 臀围展开量。

（4）腰长：18cm。

（三）结构制图

八片裙结构制图如图 2-25 所示。

（四）结构制图说明

八片裙采用基型法结构制图方式。

（1）以基本型女裙装纸样为基础纸样，过前、后裙片 a、b 省省尖作垂线至裙底边并切展，分别将前、后裙片 a、b 省合并 1/2 省量。

图 2-24 八片裙款式图

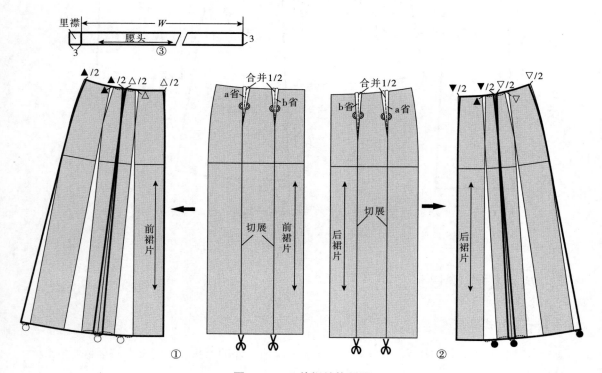

图 2-25 八片裙结构制图

（2）取前、后裙片切展后的中片腰围、裙底边中点连直线作分割，将剩余的省量分配至腰围侧缝处、中点分割处及前、后中缝处，裙摆为展开设计。

（3）画顺八片裙前、后裙片侧缝线、分割线、腰围线、底边线，如图 2-25 中①、②所示。

（4）作腰头：设腰头宽为 3cm，里襟搭门量为 3cm，如图 2-25 中③所示。

（五）纸样分解图

八片裙纸样分解图如图 2-26 所示。

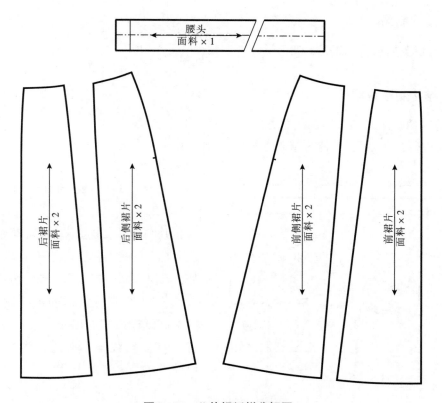

图 2-26　八片裙纸样分解图

六、育克分割裙结构设计

（一）款式特点

育克分割裙为半紧身 A 廓型，裙身臀围处为横向育克分割，臀围以下裙身为纵向六片分割，无省，外绱腰头，裙长至膝上 10cm 处，右侧缝上端装隐形拉链，如图 2-27 所示。

（二）规格设计

育克分割裙结构设计实例采用 165/70A 号型规格，以基本型女裙装规格设计为基础。

（1）裙长：50cm。

（2）腰围（W）：$W*+（0～2）$cm。

（3）臀围（H）：$H*+4$cm。

（4）腰长：18cm。

（三）结构制图

育克分割裙结构制图如图 2-28 所示。

（四）结构制图说明

育克分割裙采用基型法结构制图方式。

（1）以基本型女裙装纸样为基础纸样，将前、

图 2-27 育克分割裙款式图

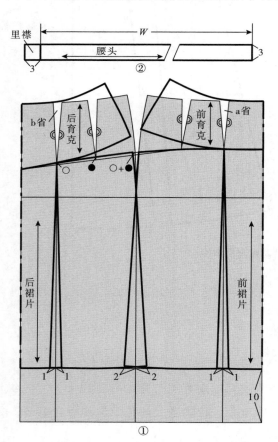

图 2-28 育克分割裙结构制图

后裙片各省尖点连线为横向育克分割，合并省，将腰省省量转移至育克分割处，后裙片剩余省量○、●转至侧缝处。

（2）育克分割裙的裙长设至膝上（基础纸样裙摆）10cm 处，过 a、b 省省尖点作垂线至裙底边，为裙摆展开设计。

（3）画顺前、后育克分割线、腰围线及裙身纵向分割线、侧缝线、底边线，如图 2-28 中①所示。

（4）作腰头：设腰头宽为 3cm，里襟搭门量为 3cm，如图 2-28 中②所示。

（五）纸样分解图

育克分割裙纸样分解图如图 2-29 所示。

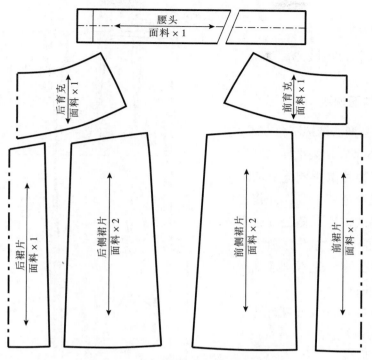

图 2-29　育克分割裙纸样分解图

七、连腰裙结构设计

（一）款式特点

连腰裙为紧身裙型，连腰结构，前、后腰口各收四个省，裙长至膝，裙摆内收，后下摆处设计开衩，后中心线开襟装隐形拉链，如图 2-30 所示。

（二）规格设计

连腰裙结构设计实例采用165/70A 号型规格，以基本型女裙装规格设计为基础。

（1）裙长：60cm。

（2）腰围（W）：W*+（0 ~ 2）cm。

（3）臀围（H）：H*+4cm。

（4）腰长：18cm。

图 2-30　连腰裙款式图

（三）结构制图

连腰裙结构制图如图 2-31 所示。

（四）结构制图说明

连腰裙采用基型法结构制图方式。

（1）以基本型女裙装纸样为基础纸样，过前、后裙片腰围侧缝点向上作 4cm 垂线，设计连腰腰高，并作连腰水平线，水平线前、后侧缝处分别向内收 0.5cm、前后腰中点分别下落 1cm，画顺腰围线，延长省位线至新腰围线，设省量 1.5cm。

（2）作开衩：取臀围至裙底边中点，上抬 3cm 为开衩止点，设开衩宽为 3cm，如图 2-31 所示。

（五）纸样分解图

连腰裙纸样分解图如图 2-32 所示。

图 2-31　连腰裙结构制图

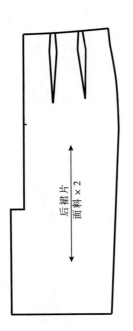
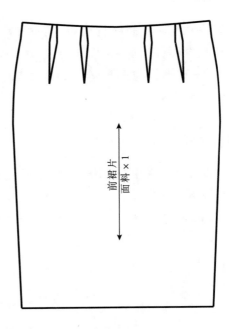

图 2-32　连腰裙纸样分解图

八、整圆裙、半圆裙结构设计

（一）款式特点

整圆裙、半圆裙为宽摆造型，外镶腰头，前、后腰口无省，腰口线以下自然形成波浪状，右侧缝开襟装隐形拉链。整圆裙、半圆裙中又有两种分类方法：一种是根据裙摆的大小分为整圆、半圆、四分之三圆、四分之一圆；另一种是根据圆的分割状况分为一片、两片、四片或多片的圆裙，如图 2-33 所示。

（二）规格设计

圆裙结构设计实例采用 165/70A 号型规格。

（1）裙长：60cm。

（2）腰围（W）：$W*+$（0~2）cm。

（3）腰长：18cm。

（三）结构制图

整圆裙结构制图如图 2-34 所示，半圆裙结构制图如图 2-35 所示。

图 2-33 圆裙款式图

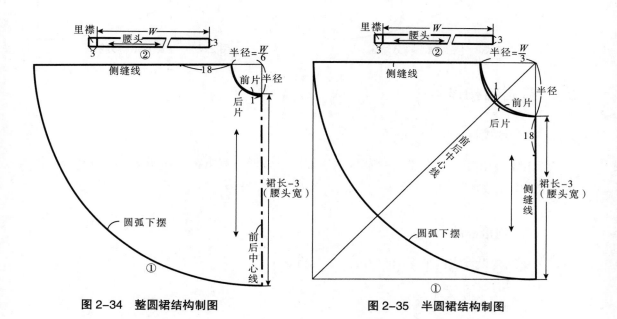

图 2-34 整圆裙结构制图　　　　　图 2-35 半圆裙结构制图

（四）结构制图说明

整圆裙、半圆裙采用比例法结构制图方式。

（1）整圆裙及半圆裙的结构图，可利用画圆的方法绘制，先求出腰弧的半径，因为圆周长等于 $2\pi \times$ 半径，所以半径等于周长 $/2\pi$，如果把周长看作是腰围，而 2π 又是常数，则整圆裙腰弧长的半径等于 $W/2\pi \approx W/6$，如图 2-34 中①所示。

（2）半圆裙的裙腰弧长半径正好是整圆裙的二倍，根据腰弧长的半径 $W/\pi \approx W/3$，可以绘出半圆裙结构图，如图 2-35 中①所示。

（3）作腰头：设腰头宽为 3cm，里襟搭门量为 3cm，如图 2-34 中②、图 2-35 中②所示。

（五）纸样分解图

整圆裙纸样分解图和半圆裙纸样分解图分别如图 2-36、图 2-37 所示。

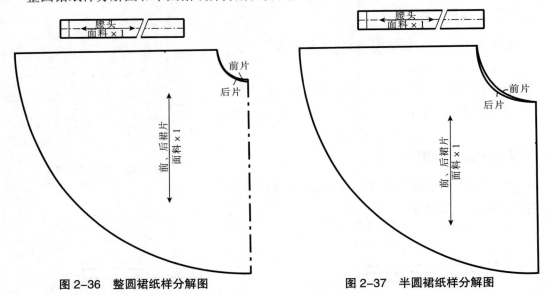

图 2-36　整圆裙纸样分解图　　　　　　图 2-37　半圆裙纸样分解图

九、节裙结构设计

（一）款式特点

节裙分上、中、下三节，每节均匀抽细褶，外形呈喇叭状，外缲腰头，右侧缝开襟装隐形拉链，如图 2-38 所示。

（二）规格设计

节裙结构设计实例采用 165/70A 号型规格。

（1）裙长：80cm。

（2）腰围（W）：$W*+$（0 ~ 2）cm。

（3）臀围（H）：H^*+4cm。

（三）结构制图

节裙结构制图如图 2-39 所示。

（四）结构制图说明

节裙采用比例法结构制图方式，如图 2-39 中①所示。

（1）分割的节数（块数）：可分割为两节、三节等。分割时可逐节宽度放大形成上窄下宽的稳定效果，也可以逐节宽度缩小而别有情趣，每节宽度若相同则缺少生动和变化。分割的块面要符合人的视觉效果，可选用黄金分割比例。

（2）每节的长度：由于该款式多为宽松型，长度的设定可直接用定尺的方法，同时考虑面料的特性和宽窄，应遵循长度越长，褶量越多的规律。

（3）节裙臀围的确定：需根据裙子具体款式而定，宽松型节裙不需要测量臀围，合体型节裙可按筒裙臀围计算。

（4）作腰头：设腰头宽为 3cm，里襟搭门量为 3cm，如图 2-39 中②所示。

（五）纸样分解图

节裙纸样分解图如图 2-40 所示。

图 2-38　节裙款式图

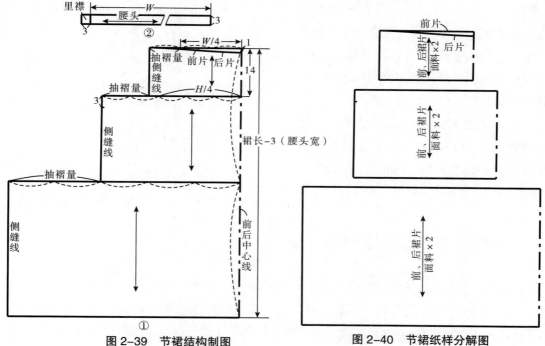

图 2-39　节裙结构制图　　　　　　　图 2-40　节裙纸样分解图

第三节　女裤装结构设计原理

一、女裤装结构特点分析

女裤装基本是由围拢腹部、臀部和下肢的筒状结构组成。其主要由上裆长、裤腿长和腰围、臀围、横裆、膝围、脚口等围度构成。

女裤装基本结构种类可按类型划分：

第一，按女裤臀围与人体贴合程度分类，有贴体类女裤（臀围放量 0 ~ 6cm）、较贴体类女裤（臀围放量 6 ~ 12cm）、较宽松类女裤（臀围放量 12 ~ 18cm）、宽松类女裤（臀围放量 18cm 以上）。

第二，按女裤长度分类，有超短裤、短裤、中裤、中长裤、长裤等。

第三，按女裤脚口尺寸大小分类，有直筒裤、小脚口裤、阔脚口裤等。

在女裤装基本类型结构基础上，再进行高腰、纵向分割、横向分割、加褶裥等结构造型设计，又可形成若干变化款式。

女裤装结构设计与女性人体体型结构中的腰围、臀围、腰长、前后裆长、后裆斜线、腿根围、膝围等有着紧密关系，也是影响女裤装结构设计是否舒适、合体的主要部位。

如本章第一节"女裙装结构设计原理"中图 2-1、图 2-2 所示，从正身位看，女性人体腰围至臀围区段（腰长）依然是女裤装穿着后的主要贴合区位；从侧身位看，前身腰至腹部、后身腰至臀部依然是女裤装穿着后的主要贴合区位。

女裤装较裙装结构设计复杂，主要体现在裤装上裆部位的裆宽、后裆斜线角度及后裆起翘量的结构设计，如图2-41所示。

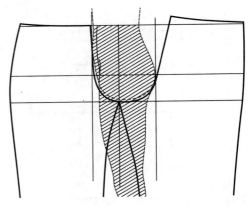

图 2-41　女裤装上裆部位结构与人体关系示意图

二、女裤装结构设计原理与方法

女裤装可采用四开身结构设计和半身结构制图，女裤装腰省设计原理与女裙装基本相同，但具体省量分配方式则略有差异，这是裤装特殊结构所决定的。因裤装为四开身结构，前、后中线为分割处理方式，因裆部的特殊结构设计，且人体臀部凸度大于腹部，故前裤片整体省量应小于后裤片，如图 2-42 所示。

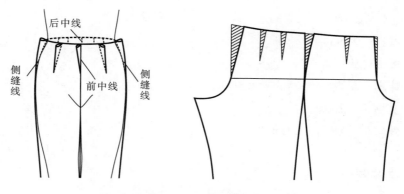

图 2-42　女裤装腰省结构设计

　　如图 2-43 所示，以耻骨联合为基点作垂线，我们会发现耻骨联合垂线至前腹部垂线、后臀部垂线的宽度差异，因此女裤前裆宽应小于后裆宽，这是由人体裆部构造特征决定的。

　　基于女性人体结构特征，女裤装结构设计主要由贴合区和设计区两部分组成，如图 2-44 所示。

　　贴合区主要通过省、褶、分割等结构设计方式解决裤装与人体的贴合性；设计区为女裤装的造型设计区域，是裤装不同款式造型变化的主要设计区。

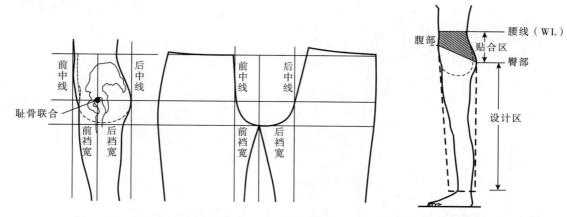

图 2-43　女裤前、后裆宽结构与人体关系示意图　　　　图 2-44　女裤装结构设计区分布

三、基本型女裤装结构设计

（一）款式特点

　　基本型女裤装的款式特点为外绱腰头，贴体裤身，直筒造型，裤长及脚踝，前裤身腰口两侧收单省，后裤身腰口各收双省，如图 2-45 所示。

（二）规格设计

基本型女裤装结构设计实例采用 165/70A 号型规格。

（1）裤长：98cm。

（2）腰围（W）：$W*$+（0～2）cm。

（3）臀围（H）：$H*$+（4～6）cm。

（4）上裆长：26cm。

（5）裤口宽（SB）：20cm。

（三）结构制图

基本型女裤装结构制图如图 2-46 所示。

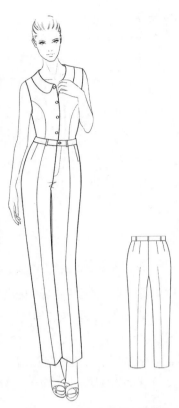

图 2-45　基本型女裤装款式图

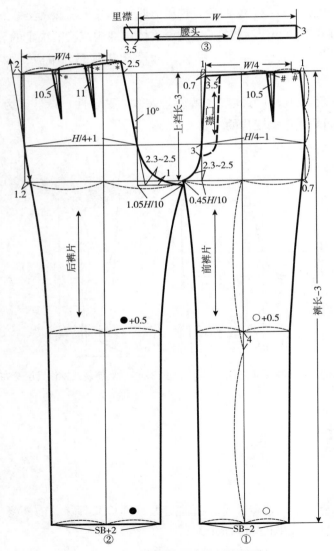

图 2-46　基本型女裤装结构制图

（四）结构制图说明

基本型女裤装采用比例法结构制图方式，如图 2-46 所示。

1. 前裤片制图　如图 2-46 中①所示。

（1）作长方形：以 $H/4-1cm$ 为宽，以上裆长 $-3cm$ 为高，上平线为腰围辅助线，下平线为横裆线，左边线为前裤中辅助线，右边线为裤侧缝辅助线。

（2）作臀围线：取上裆长 /3 作水平线为臀围线。

（3）作小裆宽：设 $0.45H/10$ 为小裆宽。

（4）作横裆侧缝线：横裆线侧缝处收进 0.7cm，取二分之一横裆作垂线为前裤片中缝线，并设定裤长 $-3cm$ 为前裤片长。

（5）作腰围线：腰围辅助线前中点、侧缝点各收进 1cm，过前门襟中点与臀围点连线，下落 0.7cm，画顺前裤片门襟中线、腰围线，量取 $W/4$，将腰围剩余量"#"设为前裤片腰省省量，设前裤片腰省省长为 10.5cm。

（6）作前裤脚口线：设前裤片脚口（SB）$-2cm$。

（7）作膝围线：取横裆线至脚口线的中点，并向上量取 4cm 作膝围线，膝围等于脚口尺寸两侧各加 0.5cm。

（8）作下裆线和侧缝线：连接并画顺前裤片下裆线和侧缝线。

（9）作门襟：设门襟宽为 3.5cm，长至臀围线下 3cm。

2. 后裤片制图　如图 2-46 中②所示。

（1）作长方形：以 $H/4+1cm$ 为宽，以上裆长 $-3cm$ 为高，上平线为腰围辅助线，下平线为横裆线，右边线为后裤中辅助线，左边线为后裤片侧缝辅助线。

（2）作臀围线：取上裆长 /3 作水平线为臀围线。

（3）作大裆宽：设 $1.05H/10$ 为大裆宽，并下落 1cm。

（4）作横裆侧缝线：横裆线侧缝处收进 1.2cm，取二分之一横裆作垂线为后裤片中缝线，并设定裤长 $-3cm$ 为后裤片长。

（5）作后裆斜线：取后裤中辅助线 10° 角作后裆斜线，后裆起翘 2.5cm，并画顺大裆弯。

（6）作腰围线：过后裤片横裆 1.2cm 收进点连线至后裤片臀围线侧缝点，并向上延长至腰围辅助线，向内收 2cm，与后裆斜线起翘点连线为后裤片腰围线。

（7）作省：将后裤片腰围线三等分，作后裤片腰省，省长分别为 10.5cm、11cm，量取 $W/4$，将腰围剩余量"*"设为后裤片腰省省量。

（8）作后裤脚口线：设后裤片脚口（SB）$+2cm$。

（9）取横裆线至脚口线的中点，并向上量取 4cm 作膝围线，膝围等于脚口尺寸两侧各加 0.5cm。

（10）作下裆线和侧缝线：连接并画顺后裤片下裆线和侧缝线。

3. 腰头制图　设腰头宽为 3cm，里襟宽为 3.5cm，如图 2-46 中③所示。

（五）纸样分解图

基本型女裤装纸样分解图如图 2-47 所示。

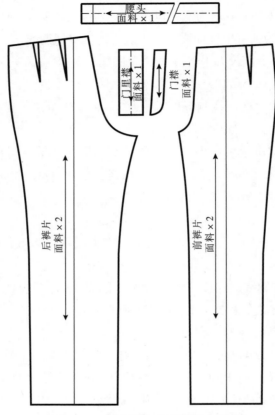

图 2-47　基本型女裤装纸样分解图

第四节　女裤装结构设计应用

一、直筒女西裤结构设计

（一）款式特点

直筒女西裤的款式特点为外缝腰头，贴体裤身，直筒造型，裤长至脚踝，前裤身腰口烫迹线处收褶裥，后裤身腰口设单省，侧缝开斜插袋，如图 2-48 所示。

（二）规格设计

直筒女西裤结构设计实例采用 165/70A 号型规格，以基本型女裤装规格设计为基础。

（1）裤长：98cm。

（2）腰围（W）：W*+（0～2）cm。

（3）臀围（H）：H*+（4～6）cm。

（4）上裆长：26cm。

（5）裤口宽：20cm。

（三）结构制图

直筒女西裤结构制图如图2-49所示。

（四）结构制图说明

直筒女西裤采用基型结构制图方法，如图

图2-48　直筒女西裤款式图

2-49所示。

1.前裤片制图

（1）作腰围线：以基本型女裤装纸样为基础纸样，前裤片腰围线量取W/4-1cm，将腰围剩余量"#"设为前裤片褶裥量。

（2）作侧缝斜插袋：以腰围侧缝点为基点向内量取4cm，连线至臀围侧缝点，作距袋口3cm平行线为侧袋垫袋、袋口贴边。袋布结构设计如图2-49中①所示。

2.后裤片制图　以基本型女裤装纸样为基础纸样，取后裤片腰围二分之一作腰省，设后腰省省长10～11cm，后裤片腰围线量取W/4+1cm，将腰围剩余量"*"设为后裤片单省省量，如图2-49中②所示。

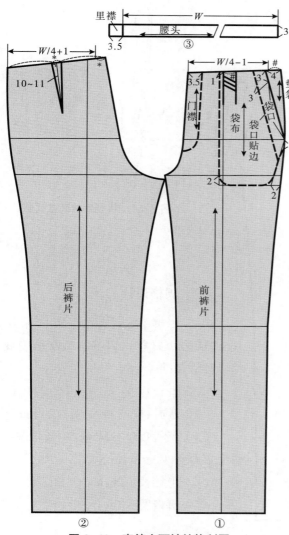

图2-49　直筒女西裤结构制图

3. **腰头制图** 设腰头宽为 3cm，里襟宽为 3.5cm，如图 2-49 中③所示。

（五）纸样分解图

直筒女西裤纸样分解图如图 2-50 所示。

二、锥型女裤装结构设计

（一）款式特点

锥型女裤装的款式特点为外缅腰头，臀围较宽松，裤长至脚踝，裤脚口内收，裤腿呈锥形造型，前裤身腰口收三省，后裤身腰口设双省，如图 2-51 所示。

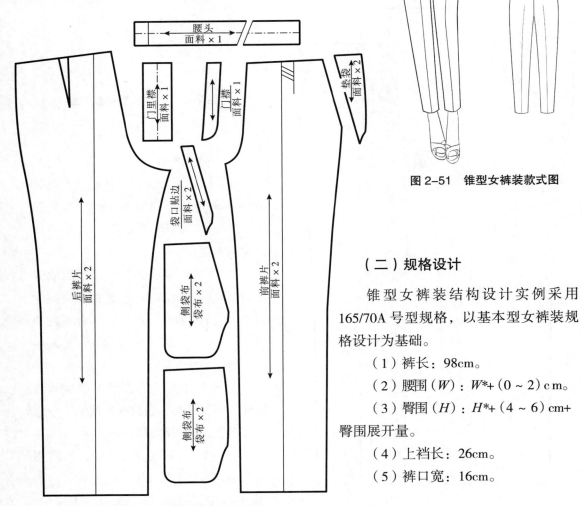

图 2-50 直筒女西裤纸样分解图

图 2-51 锥型女裤装款式图

（二）规格设计

锥型女裤装结构设计实例采用 165/70A 号型规格，以基本型女裤装规格设计为基础。

（1）裤长：98cm。

（2）腰围（W）：$W*+(0\sim2)$cm。

（3）臀围（H）：$H*+(4\sim6)$cm+ 臀围展开量。

（4）上裆长：26cm。

（5）裤口宽：16cm。

（三）结构制图

锥型女裤装结构制图如图 2-52 所示。

（四）结构制图说明

锥型女裤装采用基型结构制图方法，如图 2-52 所示。

1.前裤片制图

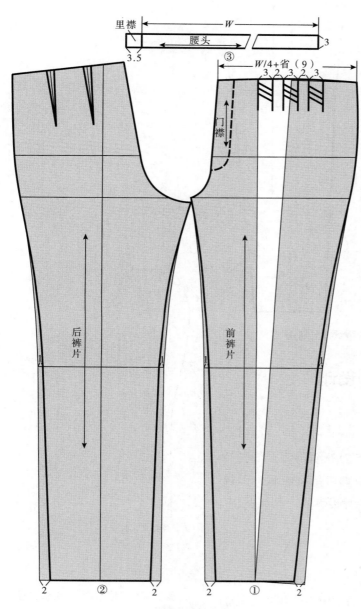

（1）作腰围线：以基本型女裤装纸样为基础纸样，前裤片烫迹线作切展，设 $W/4+$ 省（9cm）为前裤片腰围展开量，作三省，省量各 3cm。

（2）作裤腿：前裤片脚口以基础纸样为基准各向内收 2cm，膝围各向内收 1cm，画顺裤腿下裆线和侧缝线，如图 2-52 中①所示。

2.后裤片制图

后裤片腰、臀以基础纸样为准保持不变，后裤片脚口以基础纸样为基准各向内收 2cm，膝围各向内收 1cm，画顺裤腿下裆线和侧缝线，如图 2-52 中②所示。

3.腰头制图

设腰头宽为 3cm，里襟宽为 3.5cm，如图 2-52 中③所示。

（五）纸样分解图

锥型女裤装纸样分解图如图 2-53 所示。

图 2-52　锥型女裤装结构制图

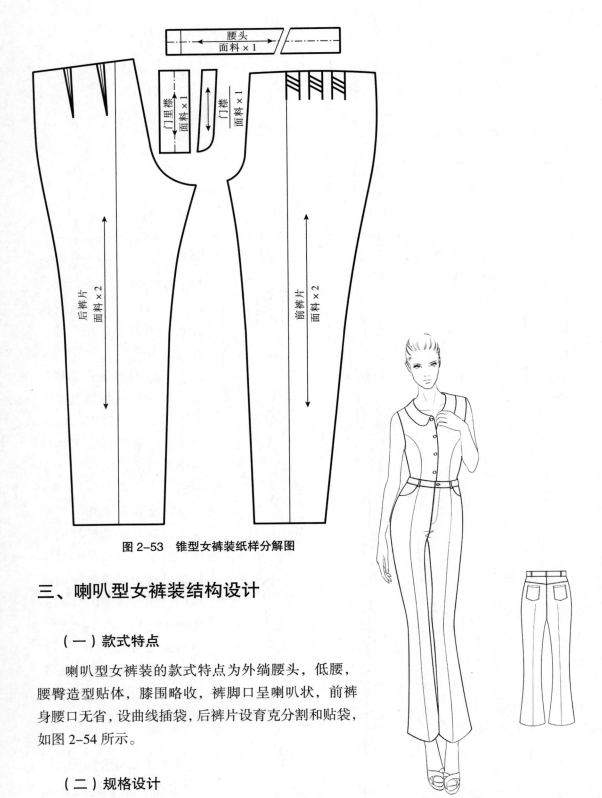

图 2-53　锥型女裤装纸样分解图

三、喇叭型女裤装结构设计

（一）款式特点

喇叭型女裤装的款式特点为外绱腰头，低腰，腰臀造型贴体，膝围略收，裤脚口呈喇叭状，前裤身腰口无省，设曲线插袋，后裤片设育克分割和贴袋，如图 2-54 所示。

（二）规格设计

喇叭型女裤装结构设计实例采用 165/70A 号型规

图 2-54　喇叭型女裤装款式图

格，以基本型女裤装规格设计为基础。

（1）裤长：98cm。

（2）腰围（W）：W*+（0 ~ 2）cm。

（3）臀围（H）：H*+（4 ~ 6）cm。

（4）上裆长：22cm。

（5）裤口宽：26cm。

（三）结构制图

喇叭型女裤装结构制图，如图 2-55 所示。

（四）结构制图说明

喇叭型女裤装采用基型结构制图方法，如图 2-55 所示。

1. 前裤片制图

（1）作低腰：以基本型女裤装纸样为基础纸样，前裤片腰线下落 4cm 作低腰处理，剩余省量转至侧缝处，完成口袋结构设计。

（2）作脚口：前裤片脚口以基础纸样为基准两侧各增加 3cm 撇出量，脚口中点上抬 1cm，膝围上移 4cm，两侧分别向内收 1cm，画顺脚口及裤腿下裆线和侧缝线，如图 2-55 中①所示。

2. 后裤片制图

（1）作低腰和育克：以基本型女裤装纸样为基础纸样，后裤片腰线下落 4cm 作低腰处理，并作育

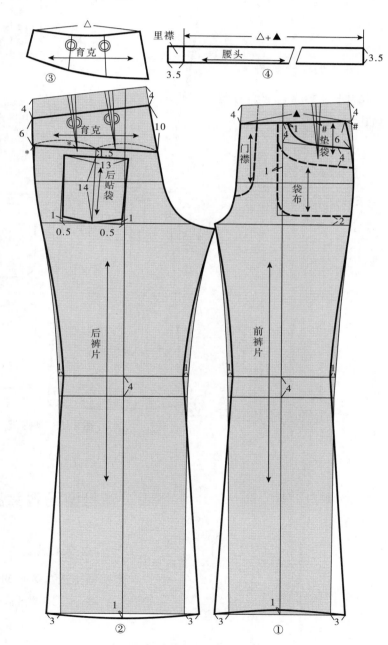

图 2-55　喇叭型女裤装结构制图

克分割，设定贴袋袋口宽为 13cm、袋深为 14cm。

（2）作脚口：后裤片脚口以基础纸样为基准两侧各增加 3cm 撇出量，脚口中点下落 1cm，膝围上移 4cm，两侧分别向内收 1cm，画顺脚口及裤腿下裆线和侧缝线，如图 2-55 中②、③所示。

3. 腰头制图　设腰头宽为 3.5cm，里襟宽为 3.5cm，腰围 = ▲ + △，如图 2-55 中④所示。

（五）纸样分解图

喇叭型女裤装纸样分解图如图 2-56 所示。

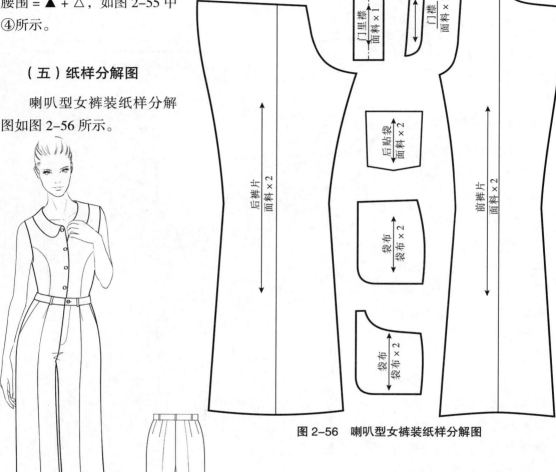

图 2-56　喇叭型女裤装纸样分解图

图 2-57　宽松型阔腿女裤装款式图

四、宽松型阔腿女裤装结构设计

（一）款式特点

宽松型阔腿女裤装的款式特点为外绱腰头，宽松造型，阔腿，外翻裤脚，前裤身腰口烫迹线处收褶裥，后裤身腰口收双省，侧缝设斜插袋，如图 2-57 所示。

（二）规格设计

宽松型阔腿女裤装结构设计实例采用 165/70A 号型规格，以基本型女裤装规格设计为基础。

（1）裤长：102cm。

（2）腰围（W）：W*+（0 ~ 2）cm。

（3）臀围（H）：H*+（4 ~ 6）cm+8cm（臀围展开量）。

（4）上裆长：26cm。

（5）裤口宽：28cm。

（三）结构制图

宽松型阔腿女裤装结构制图，如图 2-58 所示。

（四）结构制图说明

宽松型阔腿女裤装采用基型法结构制图方式，如图2-58所示。

1. 前裤片制图

（1）作前裤片放量：以基本型女裤装纸样为基础纸样，沿着前裤片烫迹线剪开，增加 2cm 前裤片臀围放量，前裤片膝围两侧各加 1cm 放量，脚口线下落 4cm，画顺下裆线和侧缝线。

（2）作褶裥：前裤片腰围线量取 W/4-1cm，将腰围剩余量 "#" 设为前裤片褶裥量。

（3）作侧缝斜插袋：以腰围侧缝点为基点向内量取 4cm，并连线至臀围侧缝点，作袋口 3cm 平行线为侧袋垫袋、袋口贴边。袋布结构设计如图 2-58 中①所示。

2. 后裤片制图

（1）作后裤片放量：以基

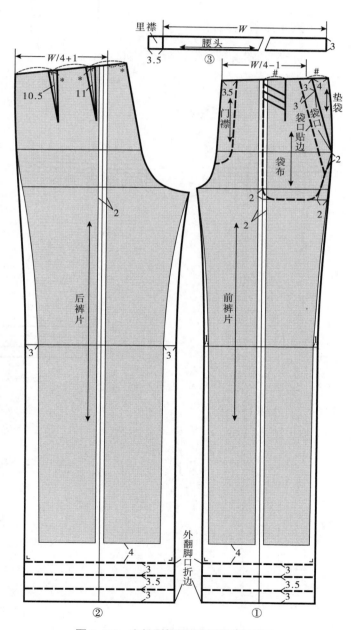

图 2-58　宽松型阔腿女裤装结构制图

本型女裤装纸样为基础纸样，沿着后裤片烫迹线剪开，增加 2cm 后裤片臀围放量，后裤片膝围两侧各加 3cm 放量，脚口线下落 4cm，画顺下裆线和侧缝线。

（2）作省：后裤片腰围线量取 $W/4+1cm$，将腰围剩余量 "*" 设为后裤片各省省量，如图 2-58 中②所示。

3. 腰头制图

设腰头宽为 3cm，里襟宽为 3.5cm，如图 2-58 中③所示。

（五）纸样分解图

宽松型阔腿女裤装纸样分解图如图 2-59 所示。

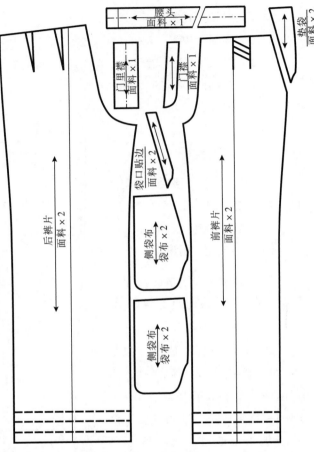

图 2-59　宽松型阔腿女裤装纸样分解图

图 2-60　连腰女裤装款式图

五、连腰女裤装结构设计

（一）款式特点

连腰女裤装的款式特点为连腰，腰臀合体造型，裤长至脚踝，裤脚口内收，裤腿呈锥形造型，前裤身腰口收单省，后裤身腰口收双省，如图 2-60 所示。

（二）规格设计

连腰女裤装结构设计实例采用 165/70A 号型规格，以基本型女裤装规格设计为基础。

（1）裤长：98cm。

（2）腰围（W）：$W*+（0 \sim 2）$cm。

（3）臀围（H）：$H*+（4 \sim 6）$cm。

（4）上裆长：26cm。

（5）裤口宽：16cm。

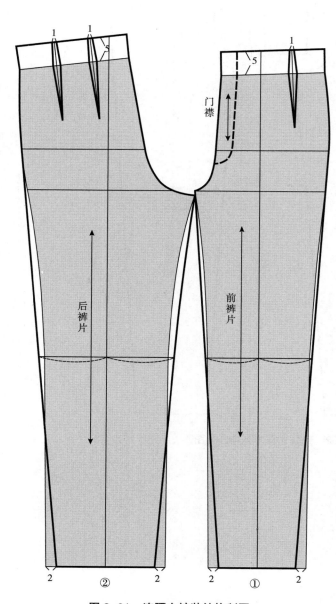

图 2-61　连腰女裤装结构制图

（三）结构制图

连腰女裤装结构制图如图 2-61 所示。

（四）结构制图说明

连腰女裤装采用基型结构制图方法，如图 2-61 所示。

1. 前裤片制图　以基本型女裤装纸样为基础纸样，设连腰腰高5cm，腰省顺延至连腰腰围线，腰口收省1cm。前裤片脚口两侧各向内收2cm，侧缝脚口点与侧缝臀围点连线，重新设定膝围，画顺下裆线，如图 2-61 中①所示。

2. 后裤片制图　以基本型女裤装纸样为基础纸样，设连腰腰高5cm，腰省顺延至连腰腰围线，腰口收省各1cm。后裤片脚口两侧各向内收2cm，侧缝脚口点与侧缝臀围点连线，重新设定膝围，画顺下裆线，如图 2-61 中②所示。

（五）纸样分解图

连腰女裤装纸样分解图如图 2-62 所示。

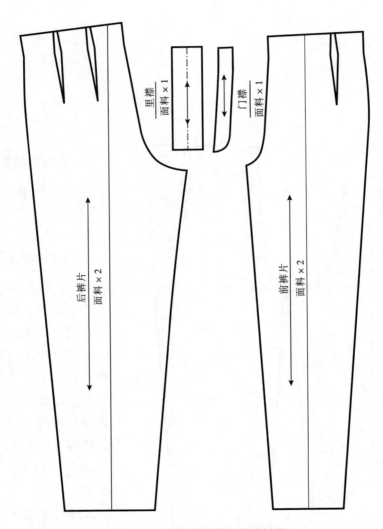

图 2-62　连腰女裤装纸样分解图

第三章　女上装结构设计原理与应用

女上装结构设计比男装更为复杂，这是由女性人体体型特征所决定的。女上装结构设计主要包括衣身结构设计、衣袖结构设计和衣领结构设计，其中衣身结构设计是上装整体结构设计的基础，通常衣袖、衣领的结构设计会根据不同衣身结构而作相应的变化。

第一节　女上装衣身结构设计原理

女上装衣身结构设计与女性人体的胸围、腰围、臀围、颈围、臂根围、肩宽、胸高、背长、腰长等有着紧密关系，也是影响女上装衣身结构设计是否舒适、合体及款式变化设计的主要部位。

一、女上装衣身结构特点分析

女上装衣身基本是由围拢上身躯干的筒状结构组成。其主要由一个长度（衣长）、两个深度（袖窿深、前后领深）、三个围度（胸围、腰围、臀围）和四个宽度（领宽、肩宽、胸宽、背宽）构成，如图 3-1 所示。

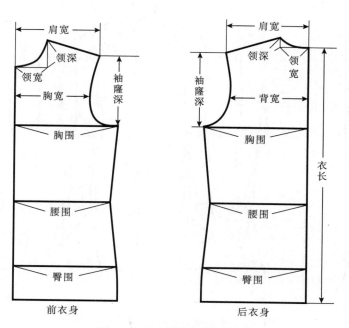

图 3-1　女上装衣身结构构成

女上装衣身主要有前身、后身、袖窿、领口等主要结构部位，如图 3-2 所示。

与人体具有紧密贴合关系的部位主要集中在肩、前胸、后背处，如图 3-3 所示，从正、背、侧三个身位看，胸围至肩部区段、后背肩胛骨至肩部区段为女上装衣身结构设计的主要贴合区位。

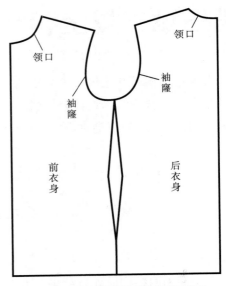

图 3-2　女上装衣身主要结构部位

二、女上装衣身主要结构形式

（一）按开身结构形式分

女上装衣身结构按开身形式分主要有四开身和三开身两种，如图 3-4 所示。其中四开身结构形式采用四分之胸围计算公式完成结构制图，衣身在整体结构上将胸围围度做四份分割；三开身结构形式采用三分之胸围计算公式完成结构制图，衣身在整体结构上将胸围围度做三份分割。

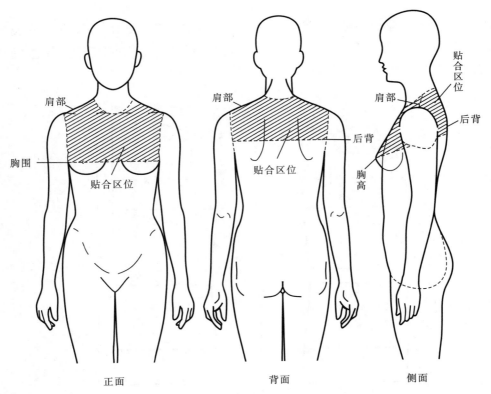

图 3-3　女上装衣身结构设计贴合区位

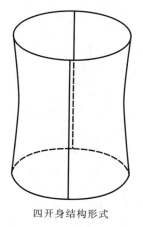

四开身结构形式

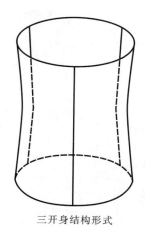

三开身结构形式

图3-4　女上装衣身开身结构形式

（二）按廓型分

女上装衣身结构按廓型主要分为宽身型、较宽身型、较合身型、合身型、紧身型，不同廓型变化主要是由胸围围度放量及胸围、腰围、臀围三个围度差量设计决定的。

其中不同廓型相对应胸围放量设计如下：

（1）宽身型：$B*+$（$\geqslant$ 20cm）。

（2）较宽松型：$B*+$（15 ~ 20cm）。

（3）较合身型：$B*+$（10 ~ 15cm）。

（4）合身型：$B*+$（4 ~ 10cm）。

（5）紧身型：$B*+$（$\leqslant$ 4cm）。

三、女上装衣身结构设计原理与方法

女上装衣身一般可采用四开身结构设计和半身结构制图，通过加胸省、肩省、腰省的方式解决女性胸高及胸、腰、臀差量变化，从而塑造出女性人体上身躯干部位的合体造型，如图3-5所示。

基于女性人体结构特征，女上装结构设计主要由贴合区和设计区两部分组成，如图3-6所示。

贴合区主要通过省、褶、分割等结构设计方式解决上装衣身部分与人体的贴合性；设计区为女上装衣身的造型设计区域，是上装不同款式造型的主要变化设计区。

女装衣身结构的平衡性设计是衣身结构设计的基础和前提，其决定了成衣的最终穿着效果。衣身结构的平衡主要是通过消除因女性人体胸高、后背肩胛骨凸起等原因而产生的面料浮起余量的解决方式，即通过收胸省、肩省及省量控制等结构性处理方式，使衣身侧缝垂直、腰围线与人体腰围处于平衡吻合状态，以达到衣身结构的整体平衡稳定，如图3-7所示。

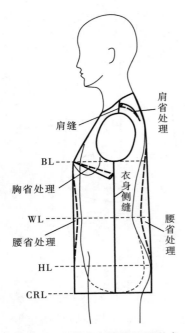

图 3-5 女装衣身结构处理形式

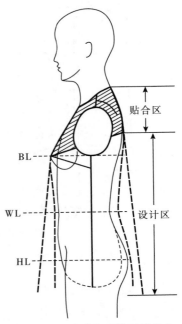

图 3-6 女装衣身设计区域分布

女上装衣身结构设计方法较多，主要有比例法、原型法、基型法等，但无论采用哪种结构设计方法都要通过公式计算得出相应结构部位尺寸数据，进而完成结构制图。目前，关于不同衣身结构设计方法的参考书籍较多，这里不做具体介绍，本书结合已有的成熟结构设计方法，提出一种适合实例应用的基本型衣身结构设计方法，基本型衣身覆盖上身躯干胸、腰、臀，衣长及臀底沟

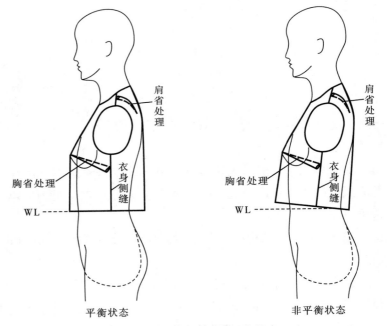

图 3-7 女装衣身结构平衡状态

（CRL），衣身松量采用周身净胸围（B^*）+12cm 设计。基本型衣身纸样可作为不同款式上衣结构设计的母版纸样，不同款式上衣在此基础上，通过对衣长、胸围、胸腰差、衣摆围、胸背宽、肩宽、领围、袖窿等细部尺寸作相应增减，即可完成不同款式成衣的纸样设计。

四、女上装基本型衣身结构设计

（一）款式特点

女上装基本型衣身不具有明显的款式风格特征，比较原型衣身的及腰设计，女上装基本型衣身为包裹胸、腰、臀的概括型衣身结构，女上装基本型衣身廓型设计为直身型，前袖窿及后肩收省，衣身长及臀底沟处。作为女上装结构设计的母版，更具易用性，如图3-8所示。

（二）规格设计

女上装基本型衣身结构设计实例采用165/88A号型规格。

（1）衣长：h（身高）×0.4。

（2）胸围（B）：$B*+12cm$。

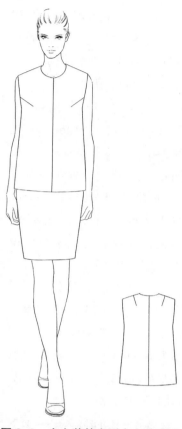

图3-8　女上装基本型衣身款式图

（3）胸宽：$B*/8+6.2cm$。

（4）背宽：$B*/8+7.4cm$。

（5）背长：39cm。

（6）腰长：18cm。

（7）前袖窿深：$B*/5+8.3cm$。

（8）后袖窿深：$B*/12+13.7cm$。

（9）领口宽：$B*/24+3.4cm$。

（10）胸省：$B*/4-2.5cm$。

（11）肩省：$B*/32-0.8cm$。

（三）结构制图

女上装基本型衣身结构框架如图3-9所示，结构设计图如图3-10所示。

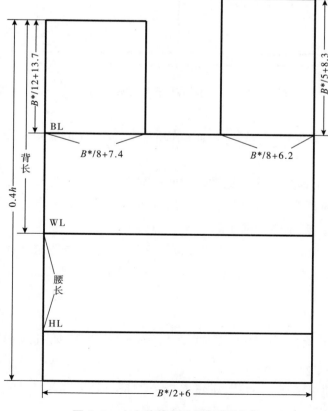

图3-9　女上装基本型衣身结构框架

（四）结构制图说明

女上装基本型衣身结构设计借鉴了文化式原型的部分计算公式，采用比例方式半身结构制图法。

（1）衣身结构框架设计：设衣长 0.4h、胸围 $B*/2+6$cm、背长 39cm、腰长 18cm、前袖窿深 $B*/5+8.3$cm、后袖窿深 $B*/12+13.7$cm、胸宽 $B*/8+6.2$cm、背宽 $B*/8+7.4$cm，完成衣身框架结构设计，如图 3-9 所示。

（2）作前、后领口：设前领口宽为 $B*/24+3.4$cm=●、后领口宽为 ●+0.2cm、前领深为 ●+0.5cm、后领深取后领宽/3，画顺前、后领口弧线，如图 3-10 所示。

（3）作肩斜线：取前肩斜度 22°、后肩斜度 18° 作前、后肩斜线，前肩斜线过

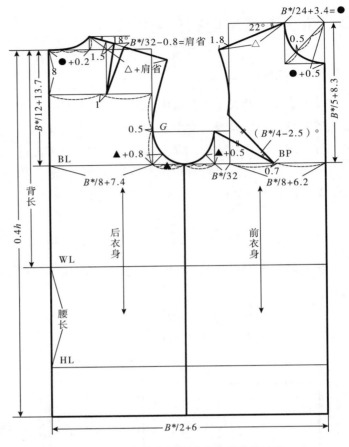

图 3-10　女上装基本型衣身结构设计图

胸宽线延长 1.8cm 为前肩宽，取前肩宽△+（$B*/32-0.8$cm）作后肩宽，$B*/32-0.8$cm 为后肩省量，如图 3-10 所示。

（4）作后肩省：过后领中点向下取 8cm 作背宽横线，取背宽横线中点向右 1cm 为后肩省尖点，过后肩省尖点向上作垂线交于后肩斜线，向右 1.5cm 取为后肩省宽点，设 $B*/32-0.8$cm 为后肩省量，作后肩省，如图 3-10 所示。

（5）作前胸省：基于胸围线取前胸宽中点向左 0.7cm 设为 BP 点，过背宽线取背宽横线至胸围线中点向下 0.5cm 作 G 线相交于前胸宽线，过前胸宽线与胸围线交点取 $B*/32$ 作垂线交于 G 线，过交点与 BP 点连线为胸省下边线，设（$B*/4-2.5$cm）° 为胸省量，作胸省，如图 3-10 所示。

（6）作侧缝线：基于胸围线取背宽点至 $B*/32$ 点的中点作垂线至底边线，如图 3-10 所示。

（7）画顺袖窿弧线：分别过前后肩端点、后背宽线 G 点、胸围线与侧缝线交点、胸省省宽点画顺袖窿弧线，如图 3-10 所示。

（五）纸样分解图

女上装基本型衣身纸样分解图如图 3-11 所示。

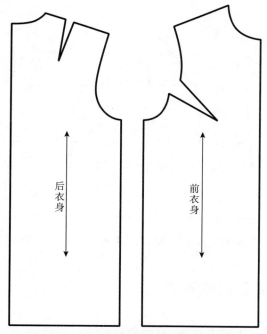

图 3-11 女上装基本型衣身纸样分解图

第二节 女上装衣袖结构设计原理

衣身袖窿与衣袖袖山具有紧密的匹配关系，也是女上装结构设计的重点。衣袖结构设计应与衣身结构造型协调，同时，衣袖结构设计也关系到女装衣身结构的外观平衡性与穿着舒适性。

一、女上装衣袖结构特点分析

女上装衣袖由袖山、袖身两部分组成，是包裹人体上臂、前臂的筒状结构。其主要由袖山、袖肥、袖长三个结构构成，与衣身袖窿弧具有匹配对应关系，与人体胸围、肩、臂结构具有紧密关系，如图 3-12

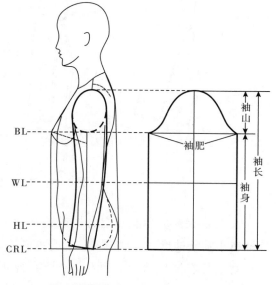

图 3-12 女上装衣袖结构与衣身、人体的构成关系

所示。

衣袖袖山与衣身袖窿有紧密关联性，如图 3-13 所示。

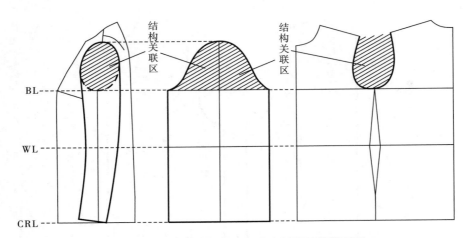

图 3-13　女上装衣袖袖山与衣身袖窿结构关联区

二、女上装衣袖主要结构形式

女上装衣袖从主要结构形式看，有一片袖、两片袖、插肩袖、连身袖等，如图 3-14 所示，其中一片袖为女上装衣袖的基本结构形式。

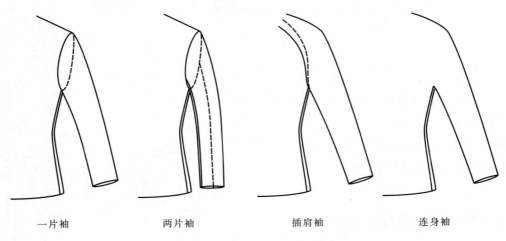

一片袖　　　　　　两片袖　　　　　　插肩袖　　　　　　连身袖

图 3-14　女上装衣袖主要结构形式

女上装衣袖从与衣身组合构成关系看，主要有圆装袖和非圆装袖两种，一片袖、两片袖属于圆装袖形式，插肩袖、连身袖属于非圆装袖形式。

女上装衣袖从结构造型看，主要有合体型衣袖、舒适型衣袖和宽松型衣袖，不同结构造型的衣袖与衣身结构造型具有匹配协调关系。

三、女上装衣袖结构设计原理与方法

女上装衣袖结构设计的重点是袖山结构与衣身袖窿的匹配设计，衣身袖窿造型形式及袖窿弧长是衣袖袖山结构设计的前提和依据，主要有利用公式直接制图和依据袖窿配置制图两种。公式制图是运用基于胸围尺寸的计算公式加变量参数的形式完成衣袖结构设计，这种方式具有方便快捷的特点，但需要一定的经验才能准确把握其结构设计的合理性和准确性。而依据袖窿配置衣袖结构制图是在衣身袖窿结构制图的基础上，利用袖窿结构完成衣袖结构设计，对于女装结构设计而言，这种方式首先要完成衣身袖窿省的合并处理，然后再依据袖窿造型完成衣袖结构设计，这种方式无需公式计算，对于袖山与袖窿的匹配处理更加直观、准确。基于依据袖窿配置衣袖结构的技术优势，本书重点介绍此种形式的衣袖结构设计原理和方法。

衣袖结构设计主要涉及袖窿弧长与袖山弧长的匹配、袖山高与袖肥的比例变化、袖型设计与衣身造型的协调关系，设计要素包括袖窿弧长、袖山弧长、袖山高、袖肥、袖长、袖口宽等结构数据。衣袖结构设计的重点部位在袖山，袖山结构设计的依据是衣身袖窿结构造型，不同风格的袖窿结构与衣袖结构设计具有直接的关联性。AH（袖窿弧长）/3 作为基本袖型袖山高计算公式，是经过长期实践和理论总结后对袖窿与袖山比进行优化的结果，以此公式计算得出的袖山与袖肥比所塑造的袖子造型与衣身袖窿夹角在 45° 左右，从人体工程学角度看，能够基本满足人体动、静态对袖子合体度和舒适性方面的需求。但是，对于不同风格的袖型而言，以此方法需在 AH/3 公式基础上做经验性调整，这对初学者具有一定难度。

基于袖窿结构造型配置完成衣袖结构设计时，主要是对袖山结构造型进行设计，此方法具有更加直观、准确、匹配度高等特点，如图 3-15 所示。

这种关联性还体现在袖山、袖肥的比

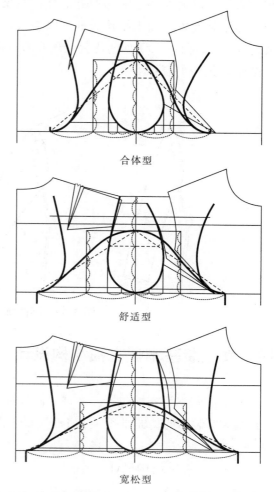

合体型

舒适型

宽松型

图 3-15 女上装衣袖袖山、袖肥与袖窿的匹配关系

例关系变化与合体型、舒适型和宽松型等风格类型衣身袖窿结构的匹配，如匹配合体型袖窿结构时，其衣袖袖山增高、袖肥减小；匹配宽松型袖窿结构时，其衣袖袖山降低、袖肥加大，衣袖袖山与袖肥具有反比例关系，如图 3-16 所示。

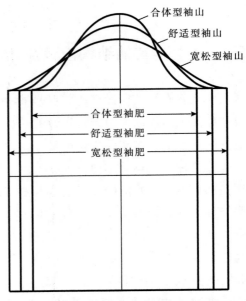

图 3-16 女上装衣袖袖山、袖肥的反比例关系

袖山与袖肥的不同比例关系决定了衣袖造型风格的不同。例如：袖山越高，袖肥越瘦，衣身、衣袖夹角小，衣袖合体度越高，穿着舒适性越低；袖山越低，袖肥越肥，衣身、衣袖夹角大，衣袖合体度降低，穿着舒适性提高，如图 3-17 所示。

一般而言，运动休闲类服装配置低袖山结构衣袖，以增加动态活动的舒适性；礼仪职业类服装配置高袖山结构衣袖，以追求着装的静态合体性。关于如何优化处理穿着合体性和服用舒适性的矛盾关系，亦是衣袖结构设计的重点研究课题。

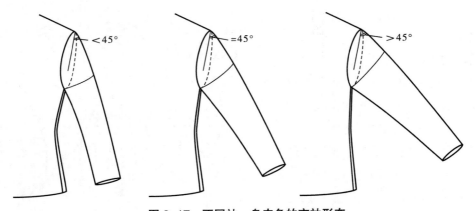

图 3-17 不同袖、身夹角的衣袖形态

四、女上装基本型衣袖结构设计

女上装基本型衣袖包括一片袖、两片袖、插肩袖和连身袖四种基本结构形式。其中一片袖为圆装袖的基础袖型，插肩袖为非圆装袖的基础袖型。

（一）一片袖结构设计

一片袖在女上装衣袖结构设计中具有重要的基础性应用价值。作为一种基础袖型，在结构上采用合体型袖山高、直筒袖身设计。

一片袖结构制图以衣身袖窿为基础，首先要将衣身袖窿省作合并处理，作前、后肩端点水平线，延长衣身侧缝线至后肩端点水平线，取前、后肩端点中点，过中点至袖窿底作6等分，取5/6为一片袖袖山高，如图3-18所示。

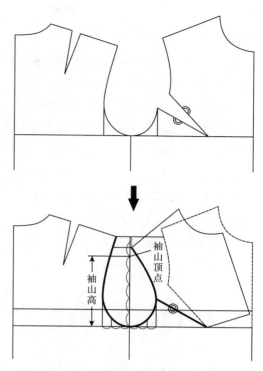

基于合并袖窿省后的袖窿弧，分别量取前、后袖窿弧长（AH），以袖山顶点为原点分别取前AH、后AH+0.5cm作袖山斜线至衣身胸围线，A、B两点间即为一片袖袖肥，取前、后袖肥中点作垂线至袖山顶点水平线，将前、后袖肥中点垂线作5等分，再将5等分中间区段作3等分，其中后袖肥垂线中的上三分之一、前袖肥垂线中的下三分之一的C区间为袖山弧线转折调整区间，袖长设定以实际号型尺寸为准，袖肘线（EL）取袖长/

图3-18 衣身袖窿省合并处理，设定袖山高

2+2.5cm，具体一片袖结构制图步骤和方法如图3-19所示。

一片袖纸样分解图如图3-20所示。

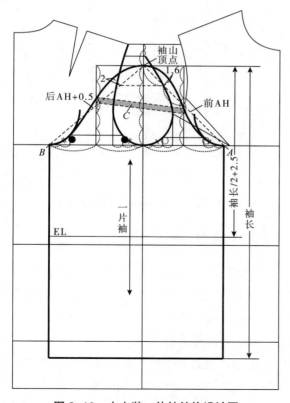

图3-19 女上装一片袖结构设计图

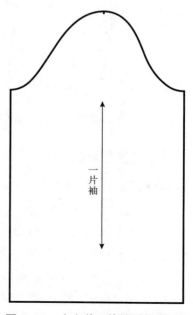

图3-20 女上装一片袖纸样分解图

（二）两片袖结构设计

两片袖是西装等制服类服装的基本袖型，衣袖由大、小两个袖片构成，合体、修身是两片袖的基本特征，衣袖弯势、前势、靠势是两片袖结构设计的重点。

两片袖结构设计以一片袖为基础，取一片袖前、后袖肥中点作垂线为两片袖大、小袖片分割的基准线。基于前袖肥分割基准线作3cm宽大、小袖前偏袖线，袖肘处缩进0.7cm作袖身弯势，袖口处向外量取2cm作衣袖前势设计。后偏袖线设计以后袖肥分割线为基准，取袖山高下2/5为大、小袖片袖山弧线分割点，结构设计图中的0.3cm、0.5cm、1cm为可变量参数。袖口宽以13cm为基本参数，袖口线分别垂直于前、后袖偏缝线。两片袖结构设计的具体步骤和方法如图3-21所示。

两片袖纸样分解图如图3-22所示。

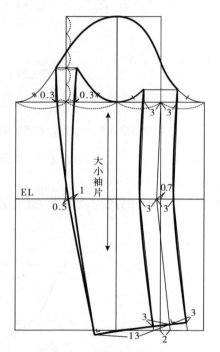

图3-21　女上装两片袖结构设计图

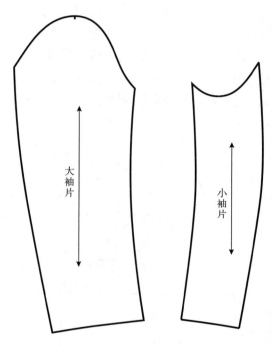

图3-22　女上装两片袖纸样分解图

（三）插肩袖结构设计

插肩袖是一种典型的非圆装袖结构形式，在休闲、运动类服装中应用比较广泛，其袖、身在形式上虽为分属状态，但从结构上看仍为袖、身连属的连身袖结构形式。袖山高、低与袖中线倾角决定插肩袖的结构造型变化，袖山高、倾角小，插肩袖舒适性降低、合体度提高；袖山低、倾角大，插肩袖舒适性提高、合体度降低。

插肩袖结构设计仍以衣身袖窿为设计基础，根据插肩袖造型的要求，对衣身袖窿省、后肩省需做预处理，以适中型插肩袖为例，衣身袖窿省、后肩省处理方式如图3-23中①所示。

过前、后肩端点作10cm等腰三角形，取三角形斜边中点，设定前、后插肩袖袖中线倾角，过前、后肩端点沿袖中线量取袖山高，作袖肥线，如图 3-23 中②③所示。

取前衣身袖窿省省边点 A 为前袖、身对位符合点，过 A 点连直线至衣身袖窿底点 O，量取 AO，设 AO 等于 AO'，AO' 交袖肥线于点 O'，画顺插肩袖分割线及袖窿、袖山底弧线，如图 3-23 中②所示。

取与前衣身袖窿省省边点 A 相对应的后衣身袖窿弧线 B 点为后袖、身对位符合点，过 B 点连直线至衣身袖窿底点 O，量取 BO，设 BO 等于 BO''，BO'' 交袖肥线于点 O''，画顺插肩袖分割线及袖窿、袖山底弧线，如图 3-23 中③所示。

前、后插肩袖袖口宽分别取其袖肥 3/5，连接袖底缝，设插肩袖纱向平行于袖中线，如图 3-23 中②~③所示。

插肩袖纸样分解图如图 3-24 所示。

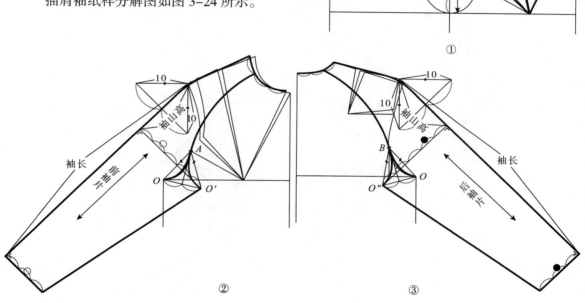

图 3-23 女上装插肩袖结构设计图

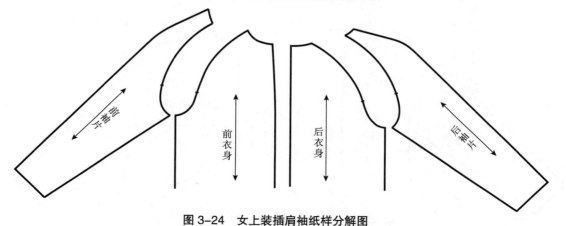

图 3-24 女上装插肩袖纸样分解图

（四）连身袖结构设计

连身袖为袖、身连属结构形式。连身袖结构制图以插肩袖结构设计为基础，连身袖可概括为两种形式，即衣身分割形式和衣袖分割形式，具体结构制图步骤、方法如图 3-25~图 3-27 所示。

连身袖（一）纸样分解图如图 3-26 所示。

连身袖（二）纸样分解图如图 3-28 所示。

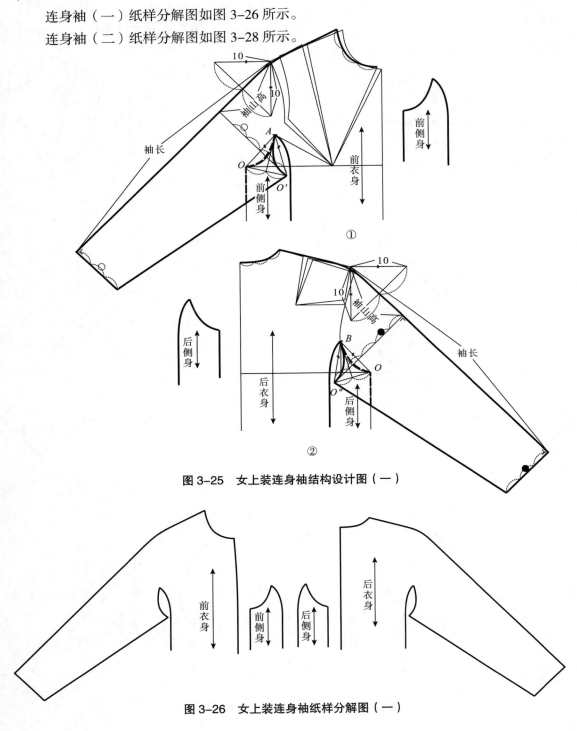

图 3-25　女上装连身袖结构设计图（一）

图 3-26　女上装连身袖纸样分解图（一）

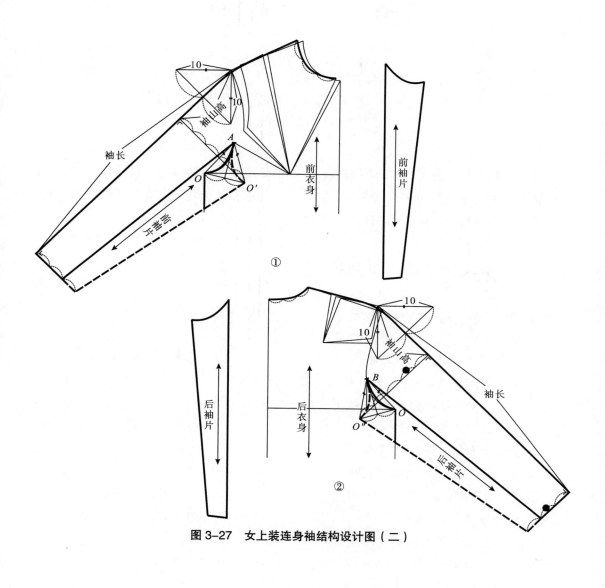

图 3-27　女上装连身袖结构设计图（二）

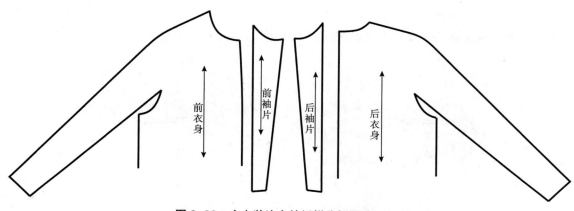

图 3-28　女上装连身袖纸样分解图（二）

第三节　女上装衣领结构设计原理

从"领袖"一词足可见衣领在服装设计中的重要性，衣领作为服装结构部件之一，主要体现于衣身款式风格的协调统一。衣领与人体颈部结构特征具有紧密关联性，同时在结构上与衣身领口具有不可忽视的连属关系。

一、女上装衣领结构特点分析

女上装衣领结构包括领口、领身两部分，领口虽然从属于衣身，但同袖窿与衣袖的关系一样，衣身的领口结构对衣领的领身结构设计起到至关重要的作用。衣领结构造型多样，针对不同的领型，其结构亦有所不同，但归纳起来无不与人体颈部结构特征关系紧密，人体颈部的前倾柱状形态决定了衣领领身部分的基本造型形态，如图 3-29 所示。

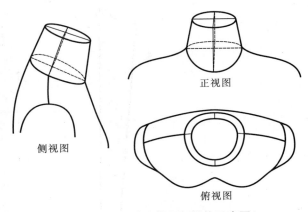

图 3-29　女性人体颈部结构示意图

女上装衣领主要由领口、领座、翻领等结构要素构成，其中衣领的下口线与衣身领口具有匹配对应关系，领座是包裹人体颈部的主要结构部件，翻领是衣领的主要变化设计要素，如图 3-30 所示。

如果将衣领领座、翻领由立体状态展开为平面结构形式，衣领领座与翻领具有反翘对应关系，这是由人体颈部上、下围度差异决定的，如图 3-31 所示。

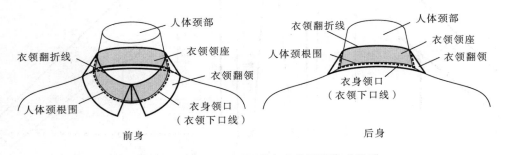

图 3-30　女上装衣领结构与人体颈部构成关系

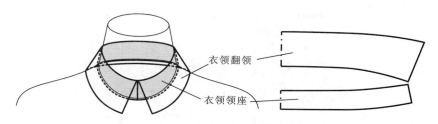

图 3-31 女上装衣领领座、翻领结构分解

二、女上装衣领主要结构形式

女装衣领造型变化丰富，从结构形式上看，可归纳为无领、立领、立翻领、连翻领和驳领等几大类，如图 3-32 所示。

无领，为没有领身结构的特殊领型，仅需借助衣身领口完成造型设计。

立领，是一种结构造型简单且仅有领座的衣领结构形式，立领与人体颈部具有紧密的关联性。

立翻领和连翻领，是翻领的两种结构形式，都由领座和翻领两部分结构组成，其中立翻领是领座与翻领为分体的结构形式，如衬衫领；连翻领是领座与翻领为连属的结构形式，如夹克领。

驳领，主要形式有平驳领、戗驳领和青果领，主要应用于西装类服装，由领座、翻领和驳头三部分结构组成，驳领不仅与衣身领口结构关系紧密，而且与衣身前门襟结构具有关联性。

三、女上装衣领结构设计原理与方法

衣领结构设计依托于衣身领口结构。衣身前、后领口宽及前、后领口深的差量变化是由人体颈根部结构决定的，将衣身前、后衣片小肩拼合，我们会看到衣身领口呈闭合状态，如图 3-33 所示。清晰认识和了解衣身领口的结构特点及衣身领口结构与人体颈根部的对位关系，将为衣领结构设计提供必要的技术依据。

在衣领结构设计中，立领不仅是一种领型形式，还是翻领、驳领的领座部分，与人

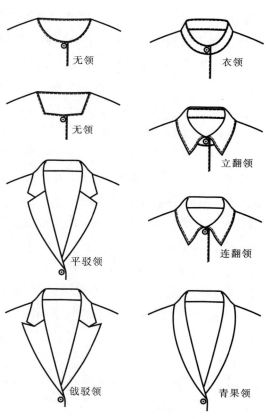

无领

衣领

无领

立翻领

平驳领

连翻领

戗驳领

青果领

图 3-32 女上装衣领主要结构形式

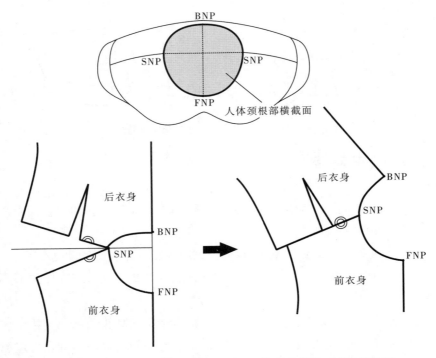

图 3-33　女上装衣身领口结构与人体颈根部的匹配对位关系

体颈部构成关系最为紧密，其结构也可作为衣领整体结构设计的基础。立领肩部的倾斜角度，即衣领侧倾角，对立领造型和立领展开后的平面翘势结构具有直接影响。

　　衣领侧倾角不仅是由人体颈部结构特征决定的，还与衣领的造型设计有关。当衣领侧倾角大于 90° 时，立领贴近颈部，为内倾合体造型；衣领侧倾角等于 90° 时，立领为近似竖直造型；衣领侧倾角小于 90° 时，立领则呈外倾造型。从立领平面展开结构看，衣领侧倾角大于 90°，立领为上翘结构造型；衣领侧倾角等于 90°，立领为平直结构造型；衣领侧倾角小于 90°，立领为下翘结构造型。这种不同侧倾角的立领结构造型规律对翻领、驳领等结构设计具有理论指导意义，如图 3-34 所示。

　　衣领侧倾角决定了衣领翘势结构，但也存在合理的设计区间，从服装人体工程学角度看，正常情况下人体静态时侧颈部的水平夹角 ≤ 96°，肩斜度 ≤ 23°，肩、颈夹角区间为 119°。因此，除特殊体型外，当衣领侧倾角大于 96° 时会对颈部产生压迫，视为不合理的结构设计；当衣领侧倾角等于肩斜 23° 时，衣领则由立领结构形式变为

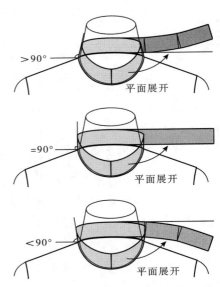

图 3-34　女上装衣领侧倾角与立领翘势结构关系

坦领结构形式，如图 3-35 所示。

在衣领结构设计中，翻领作为重要的变化设计要素，其合理、准确的结构设计对衣领的整体造型效果起到至关重要的作用。翻领结构设计的重点在翻领松量的设计，如图 3-36、图 3-37 所示，翻领外口线与衣身存在匹配关系，即翻领外口自然落在衣身肩部时会与衣身领口存在一定的间隙量，其间隙量与翻领外口弧长呈正比关系，翻领外口弧长与衣身领口线的差量即为翻领松量。翻领松量的大小与翻领侧倾角、翻领和领座的宽度差、前领口开深等

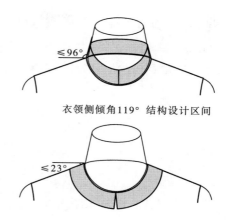

图 3-35　女上装衣领侧倾角的结构设计区间

因素具有直接的关联性。通过实验证明，当领座宽度不变时，翻领宽度增加，翻领和领座的宽度差增大，翻领侧倾角角度增大，翻领外口弧长增长，翻领外口弧长与衣身领口线的差量增大，即翻领松量增加，翻领倾角、翻领和领座的宽度差与翻领松量呈正比例关系；而当领开深增加时，领口弧线、衣领翻折线、翻领外口线被拉长，其弧度变小，翻领外口线与领口弧线的差量亦相应变小，即翻领松量减小，因此前领口开深与翻领松量呈反比例关系。这一变化规律对于翻领、驳领的结构设计具有重要的理论指导意义。

翻领松量，即翻领外口线弧长与翻领间隙的变量关系，是翻领、驳领结构设计的核

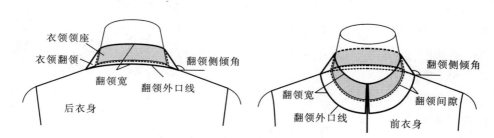

图 3-36　女上装翻领结构与衣身肩部的构成关系

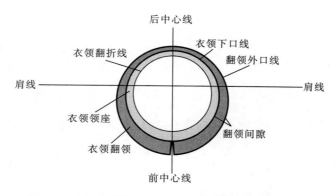

图 3-37　女上装衣领领座、翻领结构组合关系俯视图

心关键参数，其基础理论数据可通过构建衣身领口结构模型并利用圆周率公式计算获得。

如图3-38所示，将合并后的衣身领口重新构建为扇形 AOC、扇形 $BO'C$，即可得到扇形 AOC 结构中的 $\overset{\frown}{AC}$ 为1/4圆弧，设为 L_1，扇形 $BO'C$ 结构中的 $\overset{\frown}{BC}$ 为近似1/8圆弧，设为 L_2，作圆弧 L_1' 平行于 L_1，作圆弧 L_2' 平行于 L_2，平行间距设为☆。

利用圆周率公式计算扇形 AOC 结构中 L_1' 与☆变量关系：

$$L_1 = 2\pi r/4$$

$$L_1' = 2\pi（r+☆）/4$$

$$L_1'-L_1 = 2\pi（r+☆）/4-2\pi r/4 = 1.57☆ \approx 1.6☆$$

即可得，扇形 AOC 结构区间内翻领间隙每增加☆时，其外口线弧长 L_1' 的增加量为1.6☆。

利用圆周率公式计算扇形 $BO'C$ 结构中 L_2' 与☆变量关系：

$$L_2 = 2\pi r/8$$

$$L_2' = 2\pi（r+☆）/8$$

$$L_2'-L_2 = 2\pi（r+☆）/8-2\pi r/8 = 0.785☆ \approx 0.8☆$$

即可得，扇形 $BO'C$ 结构区间内翻领间隙每增加☆时，其外口线弧长 L_2' 的增加量为0.8☆。

将两个结构区间公式计算结果相加：

$$（L_1'-L_1）+（L_2'-L_2）=1.57☆ +0.785☆ =2.355☆ \approx 2.4☆$$

即可得到，半身结构制图中翻领外口线弧长与翻领间隙的变量系数为2.4☆。

综上所述，1.6☆可视为翻领松量在前领口区间的变量计算系数，0.8☆为翻领松量在后领口区间的变量计算系数，翻领松量的变量计算总系数为2.4☆，但这是近似理想状态下的翻领外口线弧长与翻领间隙的变量关系。如图3-39、图3-40所示，由于人体颈肩部、颈背部、颈胸部具有多维度的转折关系，且不同部位的倾角亦有所不同，因此翻领外领口落在衣身肩、胸、背的弧线形状不会呈现理想化的状态。

基于翻领松量的理论计算公式，

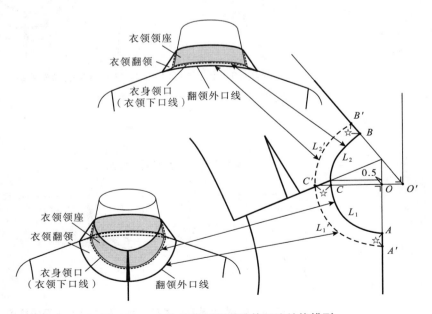

图3-38　女上装翻领松量计算理论结构模型

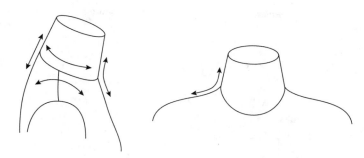

图 3–39　女性人体颈肩部、颈背部、颈胸部多维度转折关系

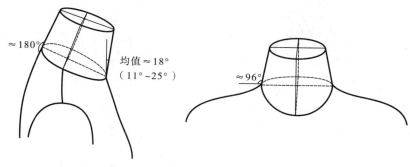

图 3–40　女性人体颈根不同部位倾角

利用计算机辅助设计工具分别采集前后领口 FNP、SNP、BNP 位置相关数据，构建翻领松量计算的客观结构模型如下：

如图 3–41 中①所示，合并前衣身袖窿省，使前衣身中心线基本保持与人体胸部倾斜状态相一致，为测量 FNP 相关数据做好准备。

以领座高 n=3cm、翻领宽 m=4cm、测量所得前胸颈夹角 143.49°、颈肩倾角 96°、后颈背 180°、前肩斜 22°、后肩斜 18°为例，分别测得 FNP 处 △ =1.17cm、SNP_1 处 ▼ =1.59cm、SNP_2 处 ▽ =1.69cm、BNP 处▲ =1cm，如图 3–41 中② ~ ⑤所示。

以图 3–38 所示的翻领松量计算理论结构模型为基础，设 BNP 处 AA'= ▲、SNP 处 DD'=（▼ + ▽）/2、FNP 处 GG'= △，画顺 L'' 线，即翻领外口在衣身上的实际位置线，如图 3–41 中⑥所示。因衣身前、后肩斜度的不同，所测得的 SNP 处▼、▽数据亦不同，在通过计算构建翻领松量的客观结构模型时，将此处数据作平均处理。

将翻领松量计算所得的理论结构模型与客观结构模型进行比较，即图 3–41 中⑥中 L' 线（理论位置线）与 L'' 线（实际位置线）比较发现，因人体颈肩部的形态特征及衣领的立体结构造型，L'' 线（实际位置线）比 L' 线（理论位置线）要略长，且为非正弧线，BNP 处 AA' 间隙、SNP 处 DD' 间隙、FNP 处 GG' 间隙亦有所不同，其中 $\overset{\frown}{C'D'}$ 和 $\overset{\frown}{D'E'}$ 两个区间的差量变化最为明显。

$\overset{\frown}{C'D'}$ 和 $\overset{\frown}{D'E'}$ 两个差量变化区间与颈肩转折作为衣领弯折主要区域的客观实际基本吻合，如图 3–42 所示。分别将 $\overset{\frown}{A'D'}$ 区间翻领松量的理论变量计算系数 0.8 和 $\overset{\frown}{D'G'}$ 区间翻领松量的理论变量计算系数 1.6 做三等分，可得 $\overset{\frown}{C'D'}$ 和 $\overset{\frown}{D'E'}$ 区间翻领松量的理论变量计算系数为 0.8。变量系数与衣领翻折线的曲线造型有紧密关系，尤其在翻领领形设计区域，

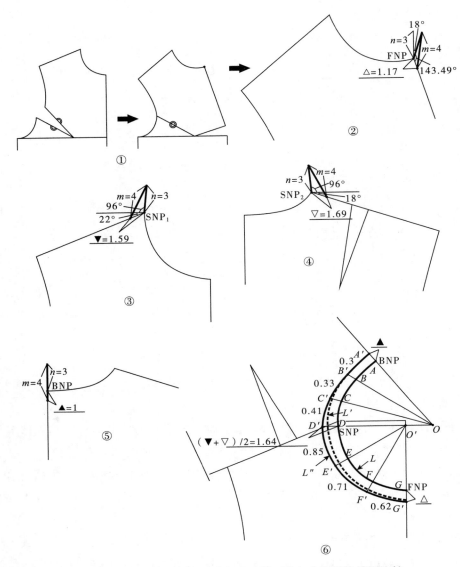

图 3-41　女上装翻领松量计算理论与客观结构模型比较

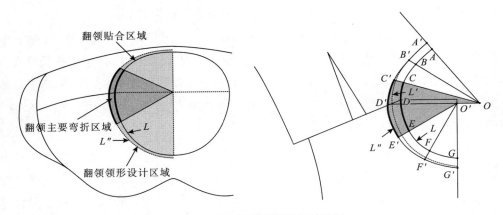

图 3-42　女上装翻领松量加放区间

当翻领领形设计区域的衣领翻折线为曲线造型时，则应在 0.8 的基础上适当增加变量系数值。

　　基于理论结构模型的翻领松量计算原理，翻领间隙量是计算翻领松量的另一重要数据，翻领间隙量的大小与领倾角、肩斜度及翻领宽减领座高的差值有直接关联性，数据可通过实验测量获得，但在实际操作过程中过于复杂。为便于实际操作，本书利用翻领与领座差值加变量系数的方式计算翻领间隙量，通过实验验证，这种方法可应用于不同领型的翻领松量计算，具有简便易操作的特点。

　　表 3-1 ~ 表 3-6 为基于 96° 颈侧倾角和 90° 颈侧倾角状态下，3cm、2.5cm、2cm 领座高以 0.5cm 差量分别对应 8 个翻领宽的翻领间隙量与翻领松量变化的实验统计数据表。

表 3-1　颈部侧倾角 96°、领座高 3cm 翻领间隙量统计数据

| 颈部侧倾角 96°，前肩斜度 22°，后肩斜度 18°，颈部前倾角 18°，前颈胸夹角 143.49° | | | | | | | | | | |
翻领宽（m）	领座高（n）	$m-n$	BNP	SNP_1	SNP_2	FNP	平均值	平均近似值	松量系数	松量
3.5	3	0.5	0.50	0.88	0.96	0.6	0.74	1.00	0.80	0.80
4	3	1	1.00	1.59	1.69	1.17	1.36	1.50	0.80	1.20
4.5	3	1.5	1.50	2.23	2.35	1.72	1.95	2.00	0.80	1.60
5	3	2	2.00	2.83	2.96	2.26	2.51	2.50	0.80	2.00
5.5	3	2.5	2.50	3.41	3.55	2.79	3.06	3.00	0.80	2.40
6	3	3	3.00	3.98	4.12	3.32	3.61	3.50	0.80	2.80
6.5	3	3.5	3.50	4.53	4.67	3.84	4.14	4.00	0.80	3.20
7	3	4	4.00	5.07	5.22	4.36	4.66	4.50	0.80	3.60

表 3-2　颈部侧倾角 96°、领座高 2.5cm 翻领间隙量统计数据

| 颈部侧倾角 96°，前肩斜度 22°，后肩斜度 18°，颈部前倾角 18°，前颈胸夹角 143.49° | | | | | | | | | | |
翻领宽（m）	领座高（n）	$m-n$	BNP	SNP_1	SNP_2	FNP	平均值	平均近似值	松量系数	松量
3	2.5	0.5	0.50	0.86	0.93	0.6	0.72	1.00	0.80	0.80
3.5	2.5	1	1.00	1.54	1.64	1.16	1.34	1.50	0.80	1.20
4	2.5	1.5	1.50	2.17	2.27	1.70	1.91	2.00	0.80	1.60
4.5	2.5	2	2.00	2.76	2.86	2.24	2.47	2.50	0.80	2.00
5	2.5	2.5	2.50	3.33	3.43	2.76	3.01	3.00	0.80	2.40
5.5	2.5	3	3.00	3.88	3.99	3.28	3.54	3.50	0.80	2.80
6	2.5	3.5	3.50	4.42	4.53	3.80	4.06	4.00	0.80	3.20
6.5	2.5	4	4.00	4.94	5.07	4.32	4.58	4.50	0.80	3.60

表 3-3　颈部侧倾角 96°、领座高 2cm 翻领间隙量统计数据

翻领宽（m）	领座高（n）	m−n	BNP	SNP₁	SNP₂	FNP	平均值	平均近似值	松量系数	松量
					颈部侧倾角 96°，前肩斜度 22°，后肩斜度 18°，颈部前倾角 18°，前颈胸夹角 143.49°					
2.5	2	0.5	0.50	0.83	0.89	0.59	0.70	1.00	0.80	0.80
3	2	1	1.00	1.49	1.57	1.15	1.30	1.50	0.80	1.20
3.5	2	1.5	1.50	2.08	2.17	1.68	1.86	2.00	0.80	1.60
4	2	2	2.00	2.66	2.75	2.21	2.41	2.50	0.80	2.00
4.5	2	2.5	2.50	3.20	3.30	2.73	2.93	3.00	0.80	2.40
5	2	3	3.00	3.74	3.84	3.25	3.46	3.50	0.80	2.80
5.5	2	3.5	3.50	4.27	4.37	3.76	3.98	4.00	0.80	3.20
6	2	4	4.00	4.79	4.91	4.27	4.49	4.50	0.80	3.60

表 3-4　颈部侧倾角 90°、领座高 3cm 翻领间隙量统计数据

翻领宽（m）	领座高（n）	m−n	BNP	SNP₁	SNP₂	FNP	平均值	平均近似值	松量系数	松量
					颈部侧倾角 90°，前肩斜度 22°，后肩斜度 18°，颈部前倾角 0°，前颈胸夹角 161.5°					
3.5	3	0.5	0.50	1	1.1	0.52	0.78	1.00	0.80	0.80
4	3	1	1.00	1.75	1.88	1.04	1.42	1.50	0.80	1.20
4.5	3	1.5	1.50	2.42	2.55	1.55	2.01	2.00	0.80	1.60
5	3	2	2.00	3.03	3.18	2.06	2.57	2.50	0.80	2.00
5.5	3	2.5	2.50	3.62	3.77	2.57	3.12	3.00	0.80	2.40
6	3	3	3.00	4.19	4.35	3.08	3.66	3.50	0.80	2.80
6.5	3	3.5	3.50	4.75	4.91	3.59	4.19	4.00	0.80	3.20
7	3	4	4.00	5.30	5.46	4.09	4.71	4.50	0.80	3.60

表 3-5　颈部侧倾角 90°、领座高 2.5cm 翻领间隙量统计数据

翻领宽（m）	领座高（n）	m−n	BNP	SNP₁	SNP₂	FNP	平均值	平均近似值	松量系数	松量
					颈部侧倾角 90°，前肩斜度 22°，后肩斜度 18°，颈部前倾角 0°，前颈胸夹角 161.5°					
3	2.5	0.5	0.50	0.97	1.06	0.52	0.76	1.00	0.80	0.80
3.5	2.5	1	1.00	1.69	1.79	1.04	1.38	1.50	0.80	1.20
4	2.5	1.5	1.50	2.33	2.44	1.55	1.96	2.00	0.80	1.60
4.5	2.5	2	2.00	2.92	3.05	2.06	2.51	2.50	0.80	2.00
5	2.5	2.5	2.50	3.50	3.63	2.57	3.05	3.00	0.80	2.40
5.5	2.5	3	3.00	4.05	4.19	3.07	3.58	3.50	0.80	2.80
6	2.5	3.5	3.50	4.60	4.74	3.58	4.11	4.00	0.80	3.20
6.5	2.5	4	4.00	5.14	5.28	4.08	4.63	4.50	0.80	3.60

表 3-6 颈部侧倾角 90°、领座高 2cm 翻领间隙量统计数据

翻领宽 (m)	颈部侧倾角 90°，前肩斜度 22°，后肩斜度 18°，颈部前倾角 0°，前颈胸夹角 161.5°								
翻领宽 (m)	领座高 (n)	m−n	BNP	SNP₁	SNP₂	FNP	平均值	平均近似值	松量系数	松量
2.5	2	0.5	0.50	0.93	1	0.52	0.74	1.00	0.80	0.80
3	2	1	1.00	1.61	1.70	1.04	1.34	1.50	0.80	1.20
3.5	2	1.5	1.50	2.22	2.32	1.54	1.90	2.00	0.80	1.60
4	2	2	2.00	2.80	2.90	2.05	2.44	2.50	0.80	2.00
4.5	2	2.5	2.50	3.35	3.46	2.56	2.97	3.00	0.80	2.40
5	2	3	3.00	3.90	4.00	3.06	3.49	3.50	0.80	2.80
5.5	2	3.5	3.50	4.43	4.54	3.57	4.01	4.00	0.80	3.20
6	2	4	4.00	4.96	5.07	4.07	4.53	4.50	0.80	3.60

从上述实验采集数据可以看出，颈部倾角和领座高对翻领间隙的影响甚微，而翻领、领座差值，即 $m-n$ 的数据与 BNP、SNP、FNP 位置以及翻领间隙平均值具有紧密的关联性。通过对系列实验数据进行比对分析和近似归纳整理可得出基本参考公式为：翻领间隙量 $=m-n+$（$0.3 \sim 0.5$）cm，公式中的 m 为翻领宽，n 为领座高，$0.3 \sim 0.5$cm 为变量参数。变量参数的使用可根据所用面料的可塑性而定，可塑性强的面料可使用 0.3cm 作为变量参数，可塑性差的面料可使用 0.5cm 作为变量参数，0.4cm 可作为中间值使用。

翻领松量不仅与翻领、领座差值具有关联性，还会影响翻领的翘势变化。如图 3-43 所示，运用翻领翘势参数与翻领、领座差值的变化对应关系对立翻领结构制图亦具有一定的参考价值。

四、女上装基本型衣领结构设计

女上装基本型衣领包括立领、立翻领、连翻领、平驳领、戗驳领和青果领。其中立领即为一种独立领型，也是其他领型的基础结构部位，立翻领和连翻领为翻领的两种形式，平驳领、戗驳领和青果领同属于驳领范畴。

（一）立领结构设计

立领结构制图以衣身领口为基础，量取衣身领口弧线中点，过领口弧线中点 O 作领口弧线切线，取 $OA=$ 领口弧长 OD，取 $OB=$ 前领口弧长○ + 后领口弧长●，过 A 点作垂线 AC，设 $AC=1.5$cm 作为立领前起翘量，取 $OC'=OD$，画顺弧线，过 B 点作垂线 BB'，设 $BB'=0.5$cm 作为立领后起翘量，画顺 OB' 弧线，分别过 B'、C' 作 3cm 垂线设为立领高，画顺立领上口线，如图 3-44 所示。

女上装立领纸样分解图如图 3-45 所示。

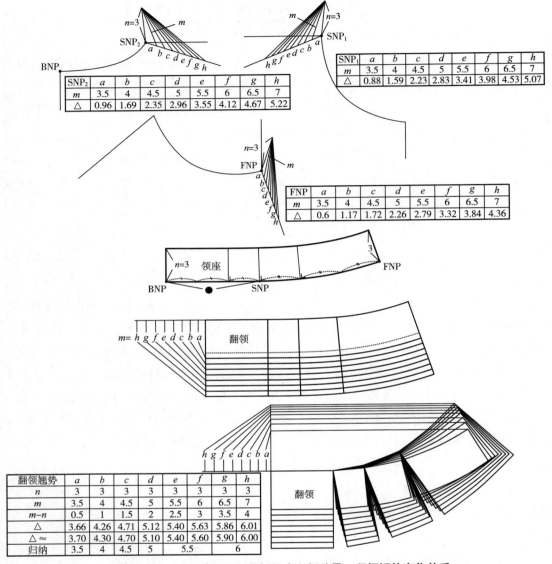

SNP$_1$	a	b	c	d	e	f	g	h
m	3.5	4	4.5	5	5.5	6	6.5	7
△	0.88	1.59	2.23	2.83	3.41	3.98	4.53	5.07

SNP$_2$	a	b	c	d	e	f	g	h
m	3.5	4	4.5	5	5.5	6	6.5	7
△	0.96	1.69	2.35	2.96	3.55	4.12	4.67	5.22

FNP	a	b	c	d	e	f	g	h
m	3.5	4	4.5	5	5.5	6	6.5	7
△	0.6	1.17	1.72	2.26	2.79	3.32	3.84	4.36

翻领翘势	a	b	c	d	e	f	g	h
n	3	3	3	3	3	3	3	3
m	3.5	4	4.5	5	5.5	6	6.5	7
$m-n$	0.5	1	1.5	2	2.5	3	3.5	4
△	3.66	4.26	4.71	5.12	5.40	5.63	5.86	6.01
△≈	3.70	4.30	4.70	5.10	5.40	5.60	5.90	6.00
归纳	3.5	4	4.5	5	5.5			6

图 3-43　女上装翻领松量与领座翻领差量、翻领翘势变化关系

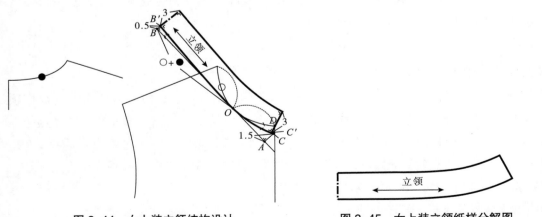

图 3-44　女上装立领结构设计　　　　图 3-45　女上装立领纸样分解图

（二）立翻领结构设计

立翻领为分体式翻领结构形式，领座部分的制图方法同立领结构设计。翻领部分结构设计以领座作为基础，设翻领宽为4cm，如图3-46所示，将翻领作切展处理，展开量设为（$m-n+0.5$）×0.8=1.2cm，画顺翻领上口线和翻领外口造型线。其中领座高、翻领宽和翻领外口造型线可视为立翻领造型风格进行灵活设计。

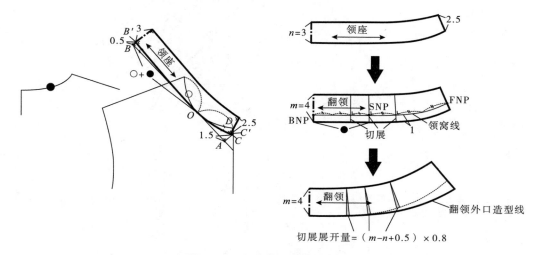

图3-46 女上装立翻领结构设计

立翻领纸样分解图如图3-47所示。

（三）连翻领结构设计

连翻领是衣领领座和翻领连属的一种翻领结构形式，连翻领结构制图以衣身领口为基础。

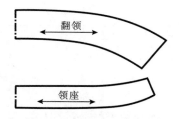

图3-47 女上装立翻领纸样分解图

以合体型衣领造型为例，首先预设衣领领座颈侧倾角为96°、领座高n=3cm、翻领宽m=4.5cm。如图3-48中①所示，以衣身领口B点为起点作水平线，过B点作水平线96°夹角线AB，线段AB即为领座高n=3cm，过A点向肩斜线作引线AC，线段AC即为翻领宽m=4.5cm，延长线段CB至D点，设线段$CD=CA$。以前领口中点为翻领点，连接ED为衣领翻折线。

如图3-48中②所示，作ED延长线至F，设$DF=m$，过D点作$DF'=DF$，设FF'=（$m-n+0.5$）×0.8，即为连翻领的翻领松量。过B点作DF'的平行线BG，设BG= 后领口弧长●，过G点作BG垂线$GH=m+n$，分别过H点、E点作垂直线段相交于I。如图3-48中②所示，画顺连翻领的领下口线、翻领外口线及翻领领角、翻折线。

从图3-48中②可见，设置FF'为翻领松量，并以BG倾倒量的形式完成了将F_1F_1'的翻领松量的位置转移，这种翻领松量的设计方法同样适用于驳领的结构设计。

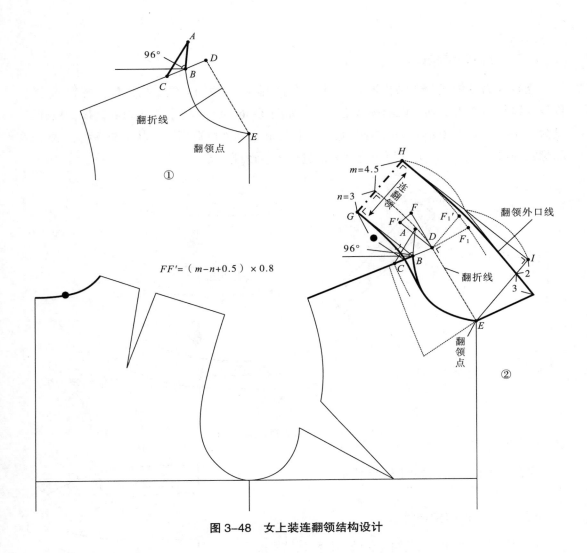

$$FF'=(m-n+0.5)\times0.8$$

图 3-48　女上装连翻领结构设计

连翻领纸样分解图如图 3-49 所示。

（四）平驳领结构设计

平驳领是驳领的基本领型，由翻领和衣身前门襟的
驳头两部分组成，平驳领结构制图以衣身领口为基础。

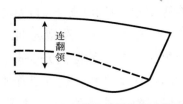

图 3-49　女上装连翻领纸样分解图

以合体型衣领造型为例，预设衣领领座颈侧倾角
96°、领座高 n=3cm、翻领宽 m=4cm。如图 3-50 中①所示，以衣身领口 B 点为起点作水
平线，过 B 点作水平线 96° 夹角线 AB，线段 AB 即为领座高 n=3cm，过 A 点向肩斜线作
引线 AC，线段 AC 即为翻领宽 m=4cm，延长线段 CB 至 D 点，设线段 CD=CA。驳领翻
驳点的设置对驳领造型有直接的影响，一般会将胸围线或腰围线作为翻驳点预设的参考
位置，本例以腰围线为基准，设 2.5cm 搭门宽，翻驳点位于腰围线上 2cm 处的 E 点，连
接 ED 为衣领和驳头的翻折线。

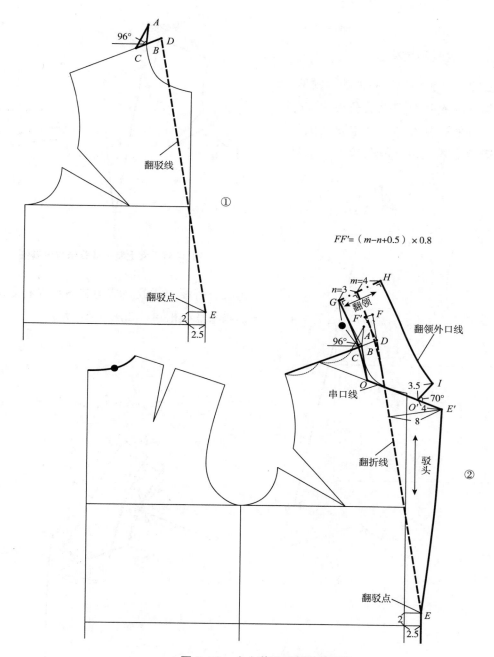

图 3-50　女上装平驳领结构设计

如图 3-50 中②所示，作 ED 延长线至 F，设 $DF=m$，过 D 点作 $DF'=DF$，设 $FF'=$（$m-n+0.5$）$\times 0.8$，即为连翻领的翻领松量。过 B 点作 DF' 的平行线 BG，设 $BG=$ 后领口弧长●，过 G 点作 BG 垂线 $GH=m+n$。过肩斜线中点作衣身领口弧线的切线为领串口线的基础线，作领口斜线 OB 平行于翻折线 DE，设驳头宽为 8cm。领缺嘴角度设计为 70°（亦可根据造型需要做灵活设计），设 $O'E'=4$cm、$O'I=3.5$cm。如图 3-50 中②所示，画顺翻领的领下口线、外口线、翻折线及驳头外口线。

平驳领纸样分解图如图 3-51 所示。

（五）戗驳领结构设计

戗驳领是驳领的另一种基本领型，亦由翻领和衣身前门襟的驳头两部分组成，与平驳领不同之处主要在尖领嘴的造型形式上，且戗驳领多与双排

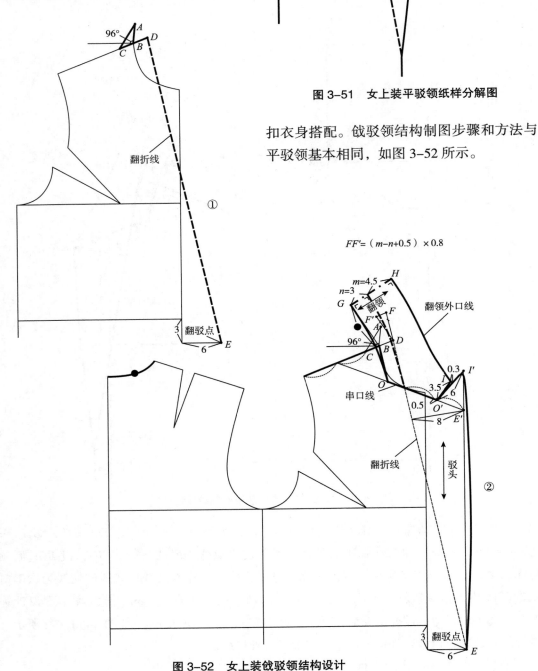

图 3-51　女上装平驳领纸样分解图

扣衣身搭配。戗驳领结构制图步骤和方法与平驳领基本相同，如图 3-52 所示。

$$FF'=（m-n+0.5）\times 0.8$$

图 3-52　女上装戗驳领结构设计

戗驳领纸样分解图如图 3-53 所示。

（六）青果领结构设计

青果领是驳领的一种特殊领型，亦由翻领和衣身前门襟的驳头两部分组成，

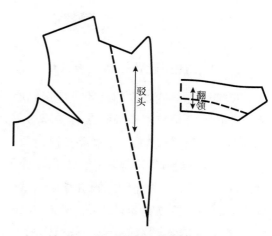

图 3-53 女上装戗驳领纸样分解图

无领缺嘴和领角结构，青果领挂面与翻领部分为连属结构，在挂面领口位置需作横向分割，这是青果领区别其他驳领的主要特点。青果领结构制图步骤和方法与其他驳领基本相同，如图 3-54 所示。

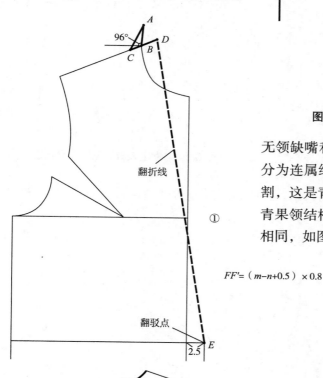

$$FF' = (m-n+0.5) \times 0.8$$

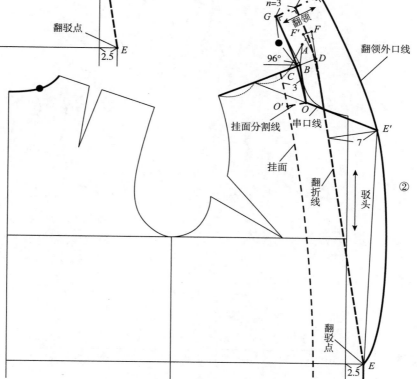

图 3-54 女上装青果领结构设计

青果领纸样分解图如图 3-55 所示。

（七）反翘型连翻领结构设计

反翘型连翻领为连翻领的一种变化形式，比较而言，其领座部分在肩颈部的合体度不及立翻领和连翻领，呈略外倾造型。

反翘型连翻领结构制图以衣身领口为基础，首先预设衣领领座颈侧倾角 ≤ 90°、领座高 n=3cm、翻领宽 m=3.5cm。如图 3-56 中①所示，以衣身领口 B 点为起点作水平线，过 B 点作水平线 ≤ 90° 夹角线 AB，线段 AB 即为领座高 n=3cm，过 A 点向肩斜线作引线 AC，线段 AC 即为翻领宽

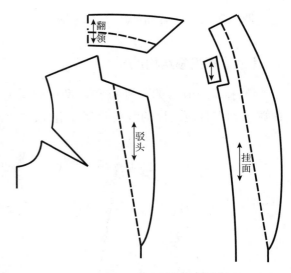

图 3-55　女上装青果领纸样分解图

m=3.5cm，延长线段 CB 至 D 点，设线段 $CD=CA$。过 D 点向前中线引直线 DE，设 $DE=$ 前领口弧线。

如图 3-56 中②所示，作 ED 延长线至 F，设 $DF=m$，过 D 点作 $DF'=DF$，设 $FF'=$

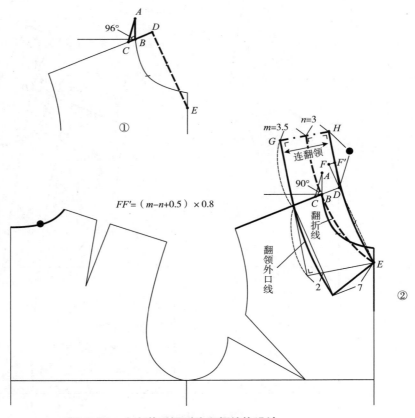

图 3-56　女上装反翘型连翻领结构设计

（$m-n$+0.5）×0.8，即为反翘型连翻领的翻领松量。延长 DF' 至 H 点，设 DH= 后领口弧长●，过 H 点作 DH 垂线 $HG=m+n$，分别过 G 点、E 点作相交垂直线。如图 3-56 中②所示，画顺反翘型连翻领的领下口线、翻领外口线及翻领领角、翻折线。

反翘型连翻领纸样分解图如图 3-57 所示。

图 3-57　女上装反翘型连翻领纸样分解图

第四节　女上装结构设计应用

一、女衬衫结构设计应用

女衬衫种类繁多，结构变化丰富，在结构组成上有衣身、衣领、衣袖及袖克夫。从衣身廓型结构看，主要以直身型、修身型、宽松型三种基本形式为主。女衬衫衣领结构变化比男衬衫更加多样，除典型的立翻领（衬衫领）外，还有立领、连翻领、小驳领、荷叶领、飘带领等。衬衫衣袖以宽松袖身加袖克夫为主要结构形式。

（一）直身型女衬衫结构设计

1. **款式特点**　直型衣身，衣长过臀至臀底沟，直衣摆，前衣身腋下收省、后衣身设肩省，连翻领领型，袖山造型合体，袖身为直筒型，袖口接袖克夫，后袖口加滚边开衩，如图 3-58 所示。

2. **规格设计**　直身型女衬衫结构设计实例采用 165/88A 号型规格，以女上装基本型衣身规格设计为基础。

（1）衣长：身高（h）×0.4。

（2）胸围（B）：B*+12cm。

（3）臀围（H）：H*+（6～8）cm。

（4）胸宽：B*/8+6.2cm。

（5）背宽：B*/8+7.4cm。

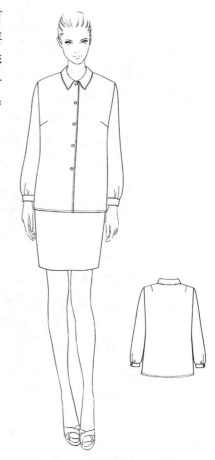

图 3-58　直身型女衬衫款式图

（6）背长：39cm。

（7）腰长：18cm。

（8）袖长：53cm。

（9）前袖窿深：$B*/5+8.3$cm。

（10）后袖窿深：$B*/12+13.7$cm。

（11）领口宽：$B*/24+3.4$cm+0.3cm。

3. 结构制图　直身型女衬衫结构制图如图3-59～图3-61所示。

4. 结构制图说明

（1）衣身结构设计：直身型女衬衫的衣身结构以基本型衣身为基础，首先将基本型衣身袖窿省转至腋下侧缝处，如图3-59中①所示。

基于基本型衣身领口，前领口宽作0.3cm开大处理，前领深下落0.5cm；设前衣身搭门1.5cm，前衣身侧缝省省尖距BP点1.5~2cm；过前衣身肩颈点沿肩斜线取3cm，前衣身下摆量取6cm，连弧线为前衣身挂面线；前衣身搭门设5粒纽扣，如图3-59中②所示。

后衣身以基本型衣身为基础，后领口宽作0.3cm开大处理，肩省保持不变。基于女性人体工程学特征，后衣身臀围可根据实际胸、臀围差量变化作适量调整，当$H*/4+$（1.5～2）cm大于后衣身胸围宽度时，后衣身臀围可作向外撇出处理；当$H*/4+$（1.5～2）cm等于或小于后衣身胸围宽度时，则保持后衣身造型不变，如图3-59中③所示。

（2）衣领结构设计：直身型女

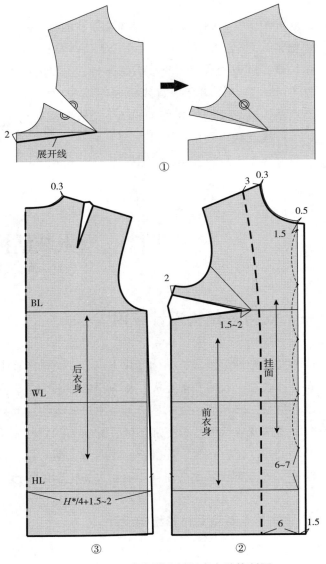

图3-59　直身型女衬衫衣身结构制图

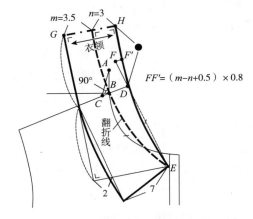

图3-60　直身型女衬衫衣领结构制图

衬衫可采用反翘型连翻领结构造型形式。

衣领结构制图以衣身领口为基础，首先预设衣领领座颈侧倾角≤90°、领座高 $n=3cm$、翻领宽 $m=3.5cm$。

如图 3-60 所示，以衣身领口 B 点为起点作水平线，过 B 点作水平线≤90° 夹角线 AB，线段 AB 即为领座高 $n=3cm$，过 A 点向肩斜线作引线 AC，线段 AC 即为翻领宽 $m=3.5cm$，延长线段 CB 至 D 点，设线段 $CD=CA$。过 D 点向前中线引直线 DE，设 $DE=$ 前领口弧线。作 ED 延长线至 F，设 $DF=m$，过 D 点作 $DF'=DF$，设 $FF'=(m-n+0.5)×0.8$，即为反翘型连翻领的翻领松量。延长 DF' 至 H 点，设 $DH=$ 后领口弧长 ●，过 H 点作 DH 垂线 $HG=m+n$，分别过 G 点、E 点作相交垂直线，设领角宽为 7cm。

画顺反翘型连翻领的领下口线、翻领外口线及翻领领角、翻折线。

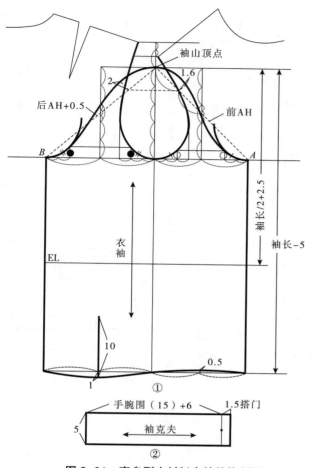

图 3-61 直身型女衬衫衣袖结构制图

（3）衣袖结构设计：直身型女衬衫衣袖采用一片袖结构形式。

衣袖结构制图以衣身袖窿为基础，首先将衣身袖窿省作合并处理，作前、后肩端点水平线，延长衣身侧缝线至后肩端点水平线，取前、后肩端点水平线的中点，过中点至袖窿底作 6 等分，取 5/6 为一片袖袖山高。

基于合并袖窿省后的袖窿弧，分别量取前、后袖窿弧长（AH），以袖山顶点为原点分别取前 AH、后 AH+0.5cm 作袖山斜线至衣身胸围线，A、B 两点间距离即为一片袖袖肥，分别取前、后袖肥中点作垂线至袖山顶点水平线，将前、后袖肥中点垂线作 5 等分，再将 5 等分的中间区段作 3 等分，其中后袖肥垂线中的上三分之一、前袖肥垂线中的下三分之一的区间为袖山弧线转折调整区间。袖长设定为实际袖长 -5cm，袖肘线（EL）取袖长 /2+2.5cm，袖口为弧线造型，设 10cm 袖开衩，如图 3-61 中①所示。

袖克夫围度设为手腕围 +6cm，袖克夫宽度为 5cm，设 1.5cm 搭门量，如图 3-61 中②所示。

5. 纸样分解图 直身型女衬衫纸样分解图如图 3-62 所示。

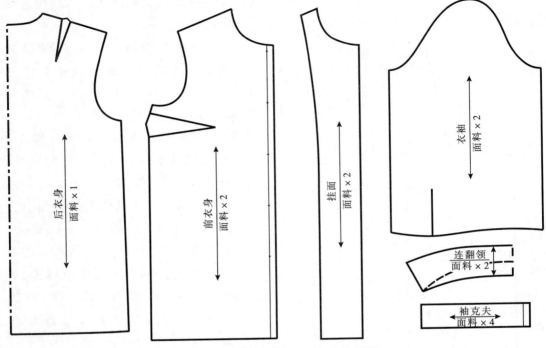

图 3-62　直身型女衬衫纸样分解图

（二）修身型女衬衫结构设计

1.款式特点　衣身为修身造型，衣长过臀至臀底沟，圆形衣摆，前、后衣身收腰省，前衣身加过肩，后衣身设肩育克分割，连翻领领型，袖山造型合体，袖身为直筒型，袖口接袖克夫，后袖口加滚边开衩，如图 3-63 所示。

2.规格设计　修身型女衬衫结构设计实例采用 165/88A 号型规格，以女上装基本型衣身规格设计为基础。

（1）衣长：身高（h）×0.4。

（2）胸围（B）：B^*+12cm。

（3）腰围（W）：B-22cm。

（4）臀围（H）：H^*+（6 ~ 8）cm。

（5）胸宽：B^*/8+6.2cm。

（6）背宽：B^*/8+7.4cm。

（7）背长：39cm。

（8）腰长：18cm。

（9）袖长：53cm。

（10）前袖窿深：B^*/5+8.3cm。

（11）后袖窿深：B^*/12+ 13.7cm。

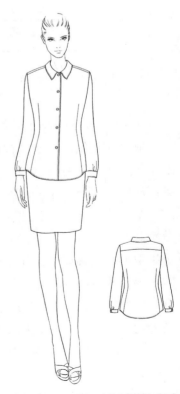

图 3-63　修身型女衬衫款式图

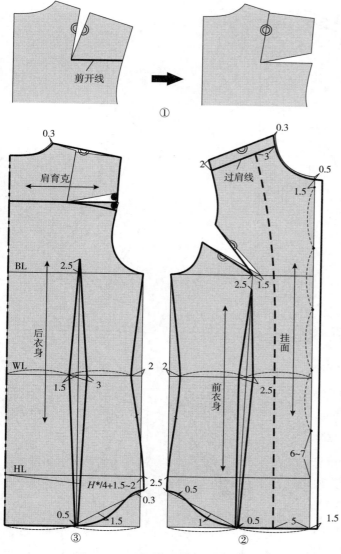

图 3-64　修身型女衬衫衣身结构制图

（12）领口宽：$B*/24+3.4cm+0.3cm$。

3. 结构制图　修身型女衬衫结构制图如图 3-64～图 3-67 所示。

4. 结构制图说明

（1）衣身结构设计：衣身结构以基本型衣身为基础，根据款式要求，首先将基本型衣身的后肩省转移至后袖窿处，如图 3-64 中①所示。

基于基本型衣身领口，前领口宽作 0.3cm 开大处理，前领深下落 0.5cm，设前衣身搭门 1.5cm。前衣身腰节侧缝处向内收 2cm，衣摆根据造型要求作圆顺处理；衣身腰节设菱形省，设省宽为 2.5cm，省尖点向左侧位移 1.5cm，下落 2.5cm，与腰节中点连线并延长至底边为省位线，腰省在底边处作 0.5cm 开口处理，并连接两侧省边线。前衣身肩部作 2cm 过肩，前衣身过肩线量取 3cm，前衣身底边处量取 5cm，连弧线为前衣身挂面线，前衣身搭门设 5 粒纽扣，如图 3-64 中②所示。

后衣身以基本型衣身为基础，肩省转移至袖窿处，作后肩横向育克分割，后领口宽作 0.3cm 开大处理。后衣身腰节侧缝处向内收 2cm，后衣身臀围处理方式同直身型女衬衫，衣摆根据造型要求作圆顺处理。衣身腰节设菱形省，设省宽为 3cm，省尖点过胸围线延长 2.5cm，与腰节中点右侧 1.5cm 连线并延长至底边为省位线，后腰省底边处作 0.5cm 开口处理，连接两侧省边线，如图 3-64 中③所示。

如图 3-65 所示，合并前衣身袖窿省，衣身腰省作展开处理。

（2）衣领结构设计：修身型女衬衫可采用反翘型连翻领结构造型形式。

衣领结构制图以衣身领口为基础，首先预设衣领领座颈侧倾角 ≤ 90°、领座高 n=3cm、翻领宽 m=3.5cm。

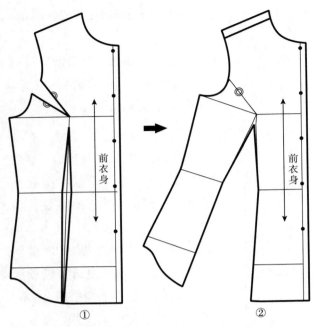

图 3-65　修身型女衬衫前衣身省转移

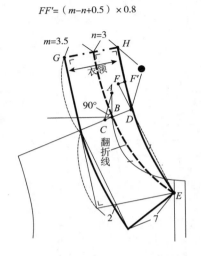

$$FF'=（m-n+0.5）\times 0.8$$

图 3-66　修身型女衬衫衣领结构制图

如图 3-66 所示，以衣身领口 B 点为起点作水平线，过 B 点作水平线 ≤ 90° 夹角线 AB，线段 AB 即为领座高 n=3cm，过 A 点向肩斜线作引线 AC，线段 AC 即为翻领宽 m=3.5cm，延长线段 CB 至 D 点，设线段 CD=CA。过 D 点向前中线引直线 DE，设 DE= 前领口弧线。作 ED 延长线至 F，设 DF=m，过 D 点作 DF'=DF，设 FF'=（m-n+0.5）×0.8，即为反翘型连翻领的翻领松量。延长 DF' 至 H 点，设 DH= 后领口弧长●，过 H 点作 DH 垂线 HG=m+n，分别过 G 点、E 点作相交垂直线，设领角宽为 7cm。

画顺反翘型连翻领的领下口线、翻领外口线及翻领领角、翻折线。

（3）衣袖结构设计：修身型女衬衫衣袖采用一片袖结构形式。

衣袖结构制图以衣身袖窿为基础，首先将衣身袖窿省作合并处理，作前、后肩端点水平线，延长衣身侧缝线至后

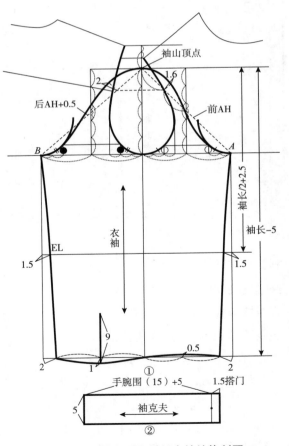

图 3-67　修身型女衬衫衣袖结构制图

肩端点水平线，取前、后肩端点水平线的中点，过中点至袖窿底作 6 等分，取 5/6 为一片袖袖山高。

　　基于合并袖窿省后的袖窿弧，分别量取前、后袖窿弧长（AH），以袖山顶点为原点分别取前 AH、后 AH+0.5cm 作袖山斜线至衣身胸围线，A、B 两点间距离即为一片袖袖肥，分别取前、后袖肥中点作垂线至袖山顶点水平线，将前、后袖肥中点垂线作 5 等分，再将 5 等分的中间区段作 3 等分，其中后袖肥垂线中的上三分之一、前袖肥垂线中的下三分之一的区间为袖山弧线转折调整区间。袖长设定为实际袖长 −5cm，袖肘线（EL）取袖长 /2+2.5cm，袖边缝分别在袖肘处向内收 1.5cm、袖口处向内收 2cm，袖口为弧线造型，设 9cm 袖开衩，如图 3–67 中①所示。

　　袖克夫围度设为手腕围 +6cm，袖克夫宽为 5cm，设 1.5cm 搭门量，如图 3–67 中②所示。

　　5. 纸样分解图　修身型女衬衫纸样分解图如图 3–68 所示。

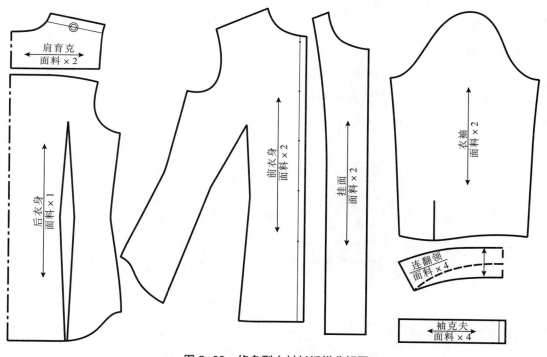

图 3–68　修身型女衬衫纸样分解图

（三）休闲型女衬衫结构设计

　　1. 款式特点　宽松衣身造型，衣长过臀至臀底沟下 8cm，圆形衣摆，前衣身加过肩，后衣身设肩育克分割，立翻领领型，宽松袖山造型，袖口接袖克夫，后袖口加剑头型开衩，前胸加袋盖贴袋，如图 3–69 所示。

　　2. 规格设计　休闲型女衬衫结构设计实例采用 165/88A 号型规格，以女上装基本型衣身规格设计为基础。

（1）衣长：身高（h）×0.4+8cm。

（2）胸围（B）：B^*+12cm+5cm。

（3）腰围（W）：B−4cm。

（4）胸宽：B^*/8+6.2cm。

（5）背宽：B^*/8+7.4cm。

（6）背长：39cm。

（7）腰长：18cm。

（8）袖长：53cm。

（9）前袖隆深：B^*/5+ 8.3cm。

（10）后袖隆深：B^*/12+ 13.7cm。

（11）领口宽：B^*/24+ 3.4cm+0.5cm。

3. **结构制图** 休闲型女衬衫结构制图如图 3-70~
图 3-73 所示。

4. **结构制图说明**

（1）衣身结构设计：衣身结构以基本型衣身为基础，
根据款式要求，首先将基本型衣身的后肩省合并二分之

图 3-69 休闲型女衬衫款式图

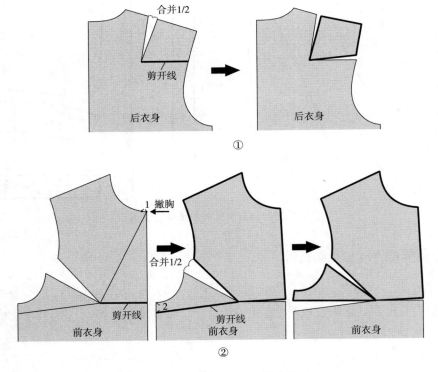

图 3-70 休闲型女衬衫转省处理

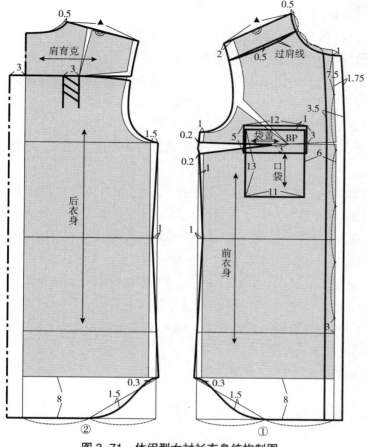

图 3-71　休闲型女衬衫衣身结构制图

一，其余转至后袖窿处，如图 3-70 中①所示；基本型前身胸部作撇胸处理，袖窿省合并二分之一，其余省量转至侧缝腋下 2cm 处，如图 3-70 中②所示。

如图 3-71 中①所示，基于基本型衣身，前衣身围度整体追加 1cm 放量，肩宽追加 2cm 放量，衣长追加 8cm 放量；前领口宽作 0.5cm 开大处理，前领深下落 1cm，设前衣身搭门 1.75cm；前衣身腰节侧缝处向内收 1cm，衣摆根据造型要求作圆顺处理；取前领口三分之一作过肩设计，设衣身侧缝省省尖距 BP 点 3cm；作 3.5cm 宽前门襟外贴边；前衣身以胸围线为基准做贴袋设计，设袋盖长 12cm、袋盖宽为 5cm、袋口宽 11cm、袋深 13cm，设贴袋距前衣身中心线 6cm；前衣身搭门设 5 粒纽扣，前领口中点下 7.5cm 处为首粒纽扣，末粒纽扣在臀围线与前中

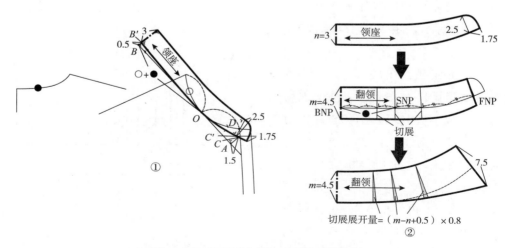

图 3-72　休闲型女衬衫立翻领结构制图

线交点上 3cm 处，纽扣位间距作等距设计。

如图 3-71 中②所示，后衣身以基本型衣身为基础，衣身围度整体追加 1.5cm 放量，后领口宽作 0.5cm 开大处理，设后小肩宽与前小肩宽等长，衣长追加 8cm 放量；后衣身腰节侧缝处向内收 1cm，衣摆根据造型要求作圆顺处理；基于后肩省尖点作横向肩育克分割，后衣身中线追加 3cm 褶裥放量，在后肩省尖点作褶裥位置设计。

（2）衣领结构设计：休闲型女衬衫采用立翻领结构造型形式。

立翻领为分体式翻领结构形式，由领座、翻领两部分组成，设领座宽为 3cm、翻领宽为 4.5cm、领座搭门量 1.75cm。

领座结构制图以衣身领口为基础，量取衣身领口弧线中点，过领口弧线中点 O 作领口弧线切线，取 $OA=$ 领口弧长 OD，取 $OB=$ 前领口弧长○ + 后领口弧长●；过 A 点作垂线 AC，设 $AC=1.5cm$ 作为领座前起翘量，取 $OC'=OD$，画顺弧线为领座下口线，过 C' 点延长领下口线 1.75cm 为领座搭门，设领座前领宽为 2.5cm；过 B 点作垂线 BB'，设 $BB'=0.5cm$ 作为领座后起翘量，画顺 OB' 弧线，分别过 B' 点、C' 点作 3cm、2.5cm 垂线设为领座前、后领高，画顺领座上口线，如图 3-72 中①所示。

翻领部分结构设计以领座作为基础，设翻领后领宽为 4.5cm、翻领前领角宽为 7.5cm。如图 3-72 中②所示，将翻领作切展处理，展开量设为（$m-n+0.5$）× 0.8，画顺翻领上口线和翻领外口造型线。

（3）衣袖结构设计：休闲型女衬衫衣袖采用宽松一片袖结构形式。

衣袖结构制图以衣身袖窿为基础，首先将衣身袖窿省作合并处理，作前、后肩端点水平线，延长衣身侧缝线至后肩端点水平线，取前、后肩端点水平线的中点，过中点至袖窿底作 6 等分，如图 3-73 中①所示设定宽松一片袖的袖山高。

基于合并袖窿省后的袖窿弧，分别量取前、后袖窿弧长（AH），以袖山顶点为原点分别取前 AH、后 AH+0.5cm 作袖山斜线至衣身胸围线，A、B 两点间距离即为一片袖袖肥；取前、后袖肥的中点作垂线至袖山顶点水平线，将前、后袖肥中点垂线作 5 等分，再将 5 等分中间区段作 3 等分，其中后袖肥垂线中的上三分之一、前袖肥垂线中的下三分之一的区间为袖山

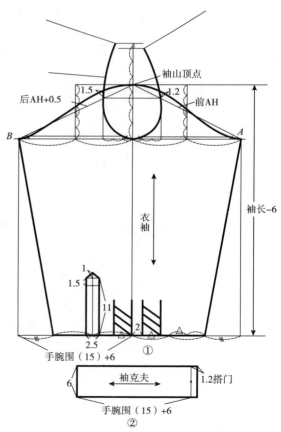

图 3-73　休闲型女衬衫衣袖结构制图

弧线转折调整区间；袖长设定为实际袖长 −6cm，以矩形袖身为基础，基于袖下口线量取手腕围（15）+6cm，将剩余袖下口量作 3 等分，取其三分之二作为袖口两侧内收量，剩余三分之一为袖口褶裥量，后袖口处设 2.5cm 宽、11cm 长袖开衩，如图 3-73 中①所示。

袖克夫围度设为手腕围 +6cm，袖克夫宽为 6cm，设 1.2cm 搭门量，如图 3-73 中②所示。

　5.**纸样分解图**　休闲型女衬衫纸样分解图如图 3-74 所示。

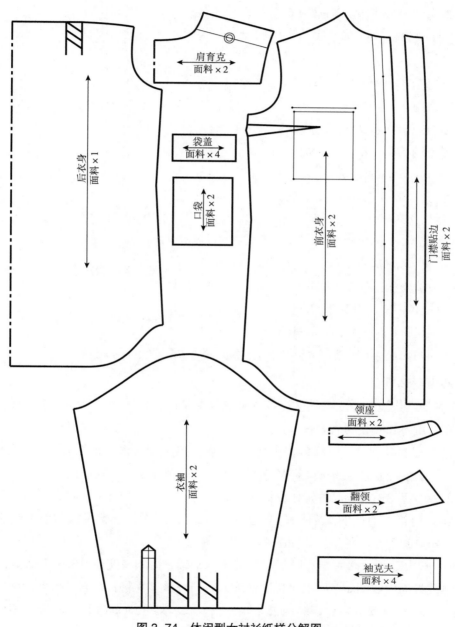

图 3-74　休闲型女衬衫纸样分解图

（四）公主线分割女衬衫结构设计

1. 款式特点　合体衣身造型，衣长过臀至臀底沟，圆形衣摆，前门襟为明贴边，前、后衣身分别为纵向公主线分割设计，立翻领领型，圆领角，合体袖山造型，袖口宽松并接袖克夫，后袖口设开衩，如图 3-75 所示。

2. 规格设计　公主线分割女衬衫结构设计实例采用 165/88A 号型规格，以女上装基本型衣身规格设计为基础。

（1）衣长：身高（h）×0.4。

（2）胸围（B）：B^*+12cm。

（3）腰围（W）：B-19cm。

（4）臀围（H）：H^*+（6~8）cm。

（5）胸宽：B^*/8+6.2cm。

（6）背宽：B^*/8+7.4cm。

（7）背长：39cm。

（8）腰长：18cm。

（9）袖长：53cm。

（10）前袖窿深：B^*/5 + 8.3cm。

（11）后袖窿深：B^*/12+ 13.7cm。

（12）领口宽：B^*/24+3.4cm +0.3cm。

图 3-75　公主线分割女衬衫款式图

3. 结构制图　公主线分割女衬衫结构制图如图 3-76~ 图 3-78 所示。

4. 结构制图说明

（1）衣身结构设计：衣身结构以基本型衣身为基础，根据款式要求，基本型衣身后肩省及袖窿省可不作预设转省处理。

基于基本型衣身领口，前领口宽作 0.3cm 开大处理，前领深下落 0.5cm，设前衣身搭门 1.5cm，门襟外贴边宽为 3cm；前衣身腰节侧缝处向内收 2cm，衣摆根据造型要求作圆顺处理；前衣身距 BP 点 1cm 位置作纵向公主线分割，腰节处作 2.5cm 收省；前衣身搭门设 5 粒纽扣，前领口中点下 7.5cm 处为首粒纽扣，末粒纽扣位于臀围线与前中线交点上 3cm 处，纽扣位间距作等距设计，如图 3-76 中①所示。

如图 3-76 中②所示，后衣身以基本型衣身为基础，后领口宽作 0.3cm 开大处理；后衣身腰节侧缝处向内收 2cm，后衣身臀围处理方式同直身型女衬衫，衣摆根据造型要求作圆顺处理；过后衣身腰节中点作纵向公主线分割，腰节处作 3cm 收省，肩省平移至肩部分割线处。

如图 3-76 中③所示，前侧身袖窿省作合并处理。

（2）衣领结构设计：公主线分割女衬衫采用立翻领结构造型形式。

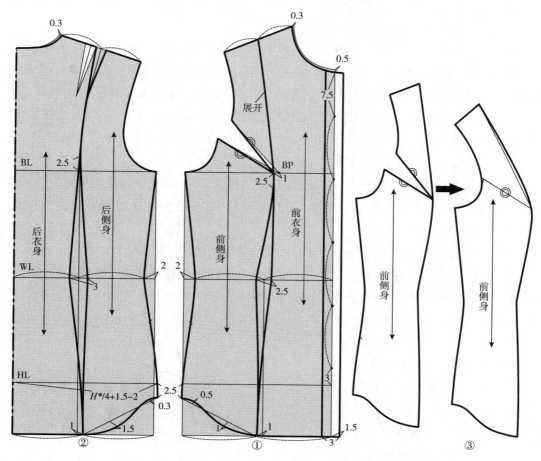

图 3-76 公主线分割女衬衫衣身结构制图

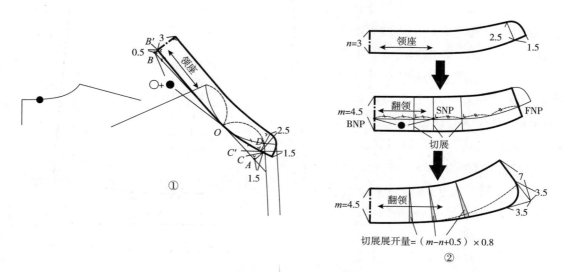

图 3-77 公主线分割女衬衫立翻领结构制图

立翻领由领座、翻领两部分组成，设领座后宽为 3cm、前宽为 2.5cm，领座搭门量 1.5cm；翻领后宽为 4.5cm、前领角宽为 7cm 并做圆角设计。

领座结构制图以衣身领口为基础，量取衣身领口弧线中点，过领口弧线中点 O 作领口弧线切线，取 $OA=$ 领口弧长 OD，取 $OB=$ 前领口弧长○ + 后领口弧长●；过 A 点作垂线 AC，设 $AC=1.5cm$ 作为领座前起翘量，取 $OC'=OD$，画顺弧线为领座下口线，过 C' 点延长领下口线 1.5cm 为领座搭门，设领座前领宽为 2.5cm；过 B 点作垂线 BB'，设 $BB'=0.5cm$ 作为立领后起翘量，画顺 OB' 弧线，分别过 B' 点、C' 点作 3cm、2.5cm 垂线设为领座前、后领高，画顺领座上口线，如图 3-77 中①所示。

翻领部分结构设计以领座作为基础，设翻领后领宽为 4.5cm、翻领前领角宽为 7cm。如图 3-77 中②所示，将翻领作切展处理，展开量设为（$m-n+0.5$）× 0.8，画顺翻领上口线、翻领外口造型线及圆形领角。

（3）衣袖结构设计：公主线分割女衬衫衣袖采用宽袖口一片袖结构形式。

衣袖结构制图以衣身袖窿为基础，首先将衣身袖窿省作合并处理，作前、后肩端点水平线，延长衣身侧缝线至后肩端点水平线，取前、后肩端点水平线的中点，过中点至袖窿底作 6 等分，取 5/6 为一片袖袖山高。

基于合并袖窿省后的袖窿弧，分别量取前、后袖窿弧长（AH），以袖山顶点为原点分别取前 AH、后 AH+0.5cm 作袖山斜线至衣身胸围线，A、B 两点间距离即为一片袖袖肥；取前、后袖肥中点作垂线至袖山顶点水平线，将前、后袖肥中点垂线作 5 等分，再将 5 等分的中间区段作 3 等分，其中后袖肥垂线中的上三分之一、前袖肥垂线中的下三分之一的区间为袖山弧线转折调整区间；袖长设定为实际袖长 –4cm，袖口两侧分别外展 3cm，袖中线延长 2cm，画顺袖口弧线，设 7cm 袖开衩，如图 3-78 中①所示。

袖克夫围度设为手腕围 +6cm，袖克夫宽为 4cm，设 1.5cm 搭门量，如图 3-78 中②所示。

5. 纸样分解图 公主线分割女衬衫纸样分解图如图 3-79 所示。

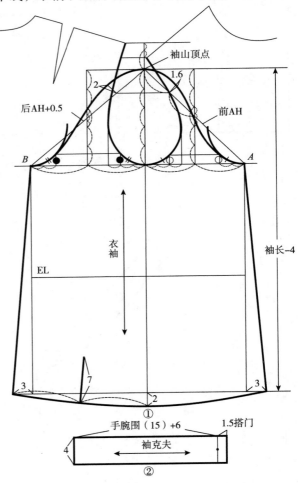

图 3-78 公主线分割女衬衫衣袖结构制图

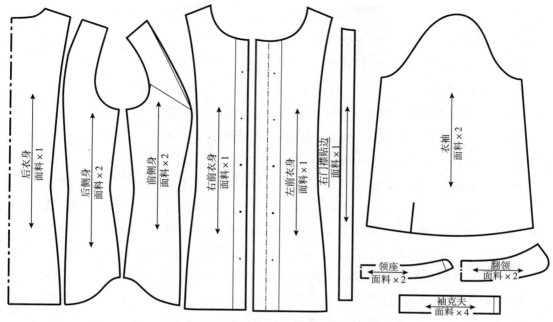

图3-79 公主线分割女衬衫纸样分解图

（五）创意女衬衫 I 结构设计

1. **款式特点** 两层衣身结构设计，内层为较修身造型，外层为荷叶褶宽松衣身造型，内层衣长过臀至臀底沟，外层衣长至臀底沟下8cm，前、后衣身胸、背处作横向分割设计，门襟为明贴边设计；袖山为袖造型，袖身较合体，袖口接袖克夫；立翻领领型，尖领角，如图3-80所示。

2. **规格设计** 创意女衬衫 I 结构设计实例采用165/88A号型规格，以女上装基本型衣身规格设计为基础。

（1）内层衣长：身高（h）×0.4。

（2）外层衣长：身高（h）×0.4+8cm。

（3）胸围（B）：$B*$+12cm。

（4）腰围（W）：B－19cm。

（5）臀围（H）：$H*$+（6~8）cm。

（6）胸宽：$B*$/8+6.2cm。

（7）背宽：$B*$/8+7.4cm。

（8）背长：39cm。

（9）腰长：18cm。

（10）袖长：53cm。

（11）前袖窿深：$B*$/5 +8.3cm。

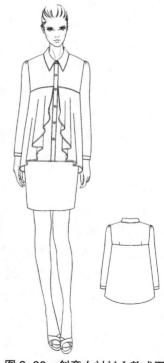

图3-80 创意女衬衫 I 款式图

（12）后袖窿深：$B*/12 +13.7cm$。

（13）领口宽：$B*/24+ 3.4cm+0.5cm$。

3. 结构制图　创意女衬衫 I 结构制图如图 3-81~ 图 3-85 所示。

4. 结构制图说明

（1）衣身结构设计：衣身结构以基本型衣身为基础，根据款式要求，衣身后肩省合并二分之一，其余省量转至后袖窿处；前衣身袖窿省合并三分之二，三分之二省量转至腋下侧缝 3cm 处，如图 3-81 中①、②所示。

基于基本型衣身领口，前领口宽作 0.5cm 开大处理，前领深下落 1cm，设前衣身搭门 1.5cm，门襟外贴边宽为 3cm，前衣身搭门设 5 粒纽扣；前衣身内层腰节侧缝处向内收 2cm，衣摆根据造型要求做直摆设计，衣摆侧缝处起翘 0.5cm，衣身过 BP 点作横向分割，腰围二分之一处设菱形省，省宽为 2.5cm，省尖点距胸围线 2.5cm，腰省在底边处作 1cm 开口处理，连接两侧省边线；前衣身外层臀围处外展 5cm，与侧缝 3cm 点连接并向下延长 12cm，画顺外层衣摆造型线，如图 3-82 中①所示。

后衣身以基本型衣身为基础，后领口宽作 0.5cm 开大处理，胸围线下 3cm 处作横向分割；后衣身内层腰节侧缝处向内收 2cm，后衣身臀围处理方式同直身型女衬衫，衣摆根据造型要求做直摆设计，衣摆侧缝处起翘 0.5cm，腰围二分之一处设菱形省，省宽为 3cm，省尖点设于胸围线上 2.5cm 处，腰省在底边处作 1cm 开口处理，连接两侧省边线；后衣身外层臀围处外展 5cm，与侧缝 3cm 点连接并向下延长 12cm，后中衣摆基于基本型衣摆下落 8cm，画顺外层衣摆造型线，如图 3-82 中②所示。

（2）衣领结构设计：创意女衬衫 I 采用立翻领结构造型形式。

立翻领为分体式翻领结构形式，由领座、翻领两部分组成，设领座后宽为 3.5cm、前宽为 2.5cm，领座搭门量 1.5cm；翻领后宽为 5cm、领角宽为 9cm。

领座结构制图以衣身领口为基础，量取衣身领口弧线中点，过领口弧线中点 O 作领口弧线切线，取 $OA=$ 领口弧长 OD，取 $OB=$ 前领口弧长 ○ + 后领口弧长 ●；过 A 点作垂线 AC，设 $AC=1.5cm$ 作为领座前

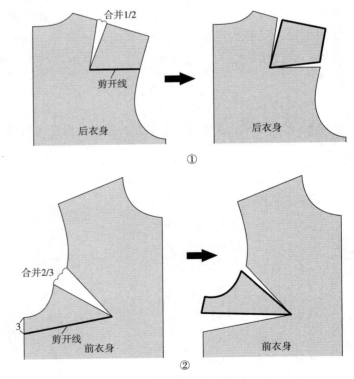

图 3-81　创意女衬衫 I 转省处理

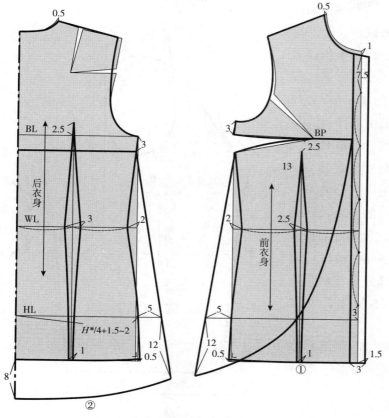

图 3-82　创意女衬衫 I 衣身结构制图

起翘量，取 $OC'=OD$，画顺弧线为领座下口线，过 C' 点延长领下口线 1.5cm 为领座搭门，设领座前领宽为 2.5cm；过 B 点作垂线 BB'，设 $BB'=0.5$cm 作为领座后起翘量，画顺 OB' 弧线，分别过 B' 点、C' 点作 3cm、2.5cm 垂线设为领座前、后领高，画顺领座上口线，如图 3-83 ① 所示。

翻领部分结构设计以领座作为基础，设翻领后领宽为 5cm、翻领前领角宽为 9cm，如图 3-83 中②所示，将翻领作切展处理，展开量设为（$m-n+0.5$）× 0.8，画顺翻领上口线和翻领外口造型线。

（3）衣袖结构设计：创意女衬衫 I 的衣袖采用一片袖结构形式。

衣袖结构制图以衣身袖窿为基础，首先将衣身袖窿省作合并处理，作前、后肩端点水平线，延长衣身侧缝线至后肩端点水平线，取前、后肩端点水平线的中点，过中点至

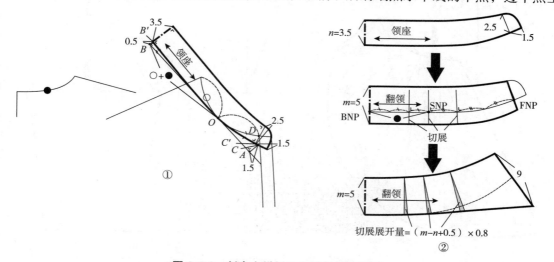

图 3-83　创意女衬衫 I 立翻领结构制图

袖窿底作 6 等分，取 5/6 为一片袖袖山高。

基于合并袖窿省后的袖窿弧，分别量取前、后袖窿弧长（AH），以袖山顶点为原点分别取前 AH、后 AH+0.5cm 作袖山斜线至衣身胸围线，A、B 两点间距离即为一片袖袖肥；取前、后袖肥的中点作垂线至袖山顶点水平线，分别将前、后袖肥中点垂线作 5 等分，再将 5 等分中间区段作 3 等分，其中后袖肥垂线中的上三分之一、前袖肥垂线中的下三分之一的区间为袖山弧线转折调整区间；袖长设定为实际袖长，袖肘线（EL）取袖长 /2+2.5cm，袖口处两侧分别向内收 5cm，袖边缝分别在袖肘处向内收 0.7cm，袖克夫宽为 3.5cm，如图 3–84 所示。

（4）衣身、衣袖褶展开处理：如图 3–85 中①、②所示，前衣身外层作纵向 5 等分

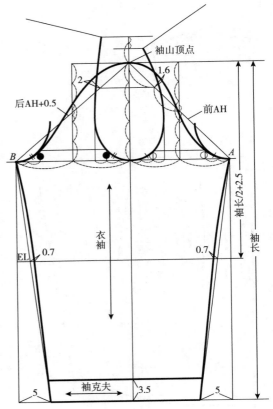

图 3–84　创意女衬衫Ⅰ衣袖结构制图

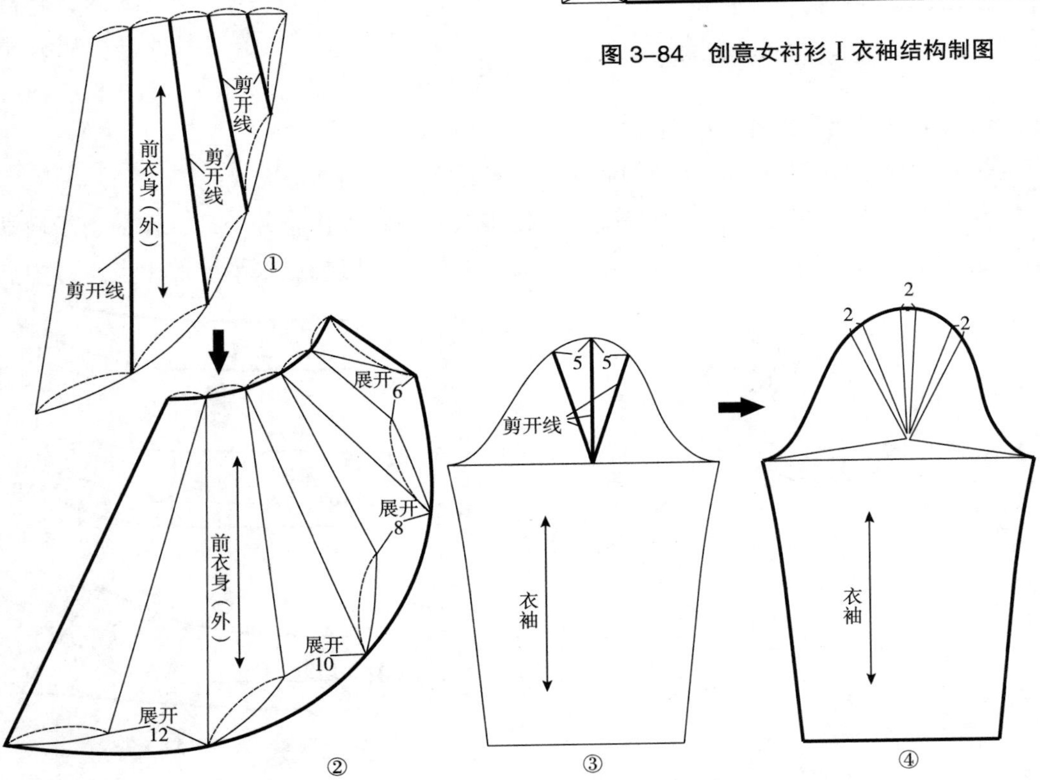

图 3–85　创意女衬衫Ⅰ衣身、衣袖褶展开处理

分割，衣摆作展开设计。

如图 3-85 中③、④所示，过袖山顶点沿袖山弧线向两侧各量取 5cm 作纵向分割线，衣袖袖山部分共做 6cm 展开设计，增加袖山弧线量。

5. **纸样分解图** 创意女衬衫Ⅰ纸样分解图如图 3-86、图 3-87 所示。

（六）创意女衬衫Ⅱ结构设计

1. **款式特点** 较合体衣身造型，衣长过臀至臀底沟，直衣摆，前、后衣身腰节处作横向分割，腰节上部衣身作刀背分割，衣身下摆做褶裥设计，坦领领型，衣袖袖山为合体造型，袖身宽松，袖口接袖克夫，后袖口设开衩，如图 3-88 所示。

2. **规格设计** 创意女衬衫Ⅱ结构设计实例采用 165/88A 号型规格，以女上装基本型衣身规格设计为基础。

（1）衣长：身高（h）×0.4。

（2）胸围（B）：B*+12cm。

（3）腰围（W）：B-15cm。

（4）臀围（H）：H*+（6~8）cm。

（5）胸宽：B*/8+6.2cm。

（6）背宽：B*/8+7.4cm。

（7）背长：39cm。

（8）腰长：18cm。

（9）袖长：53cm。

（10）前袖窿深：B*/5+8.3cm。

（11）后袖窿深：B*/12+13.7cm。

（12）领口宽：B*/24+3.4cm+2.5cm。

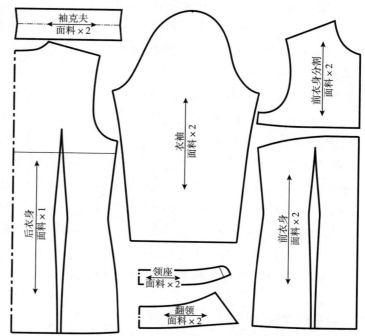

图 3-86 创意女衬衫Ⅰ（内层）纸样分解图

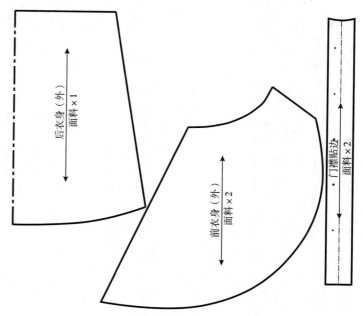

图 3-87 创意女衬衫Ⅰ（外层）纸样分解图

3.结构制图 创意女衬衫Ⅱ结构制图如图3-89~ 图3-91所示。

4.结构制图说明

（1）衣身结构设计：衣身结构以基本型衣身为基础，根据款式要求，基本型衣身后肩省及袖窿省可不作预设转省处理。

基于基本型衣身领口，前领口宽作2.5cm开大处理，前领深下落1.5cm，设前衣身搭门1.5cm；前衣身腰节侧缝处向内收1.5cm，臀围外展1cm，直衣摆造型设计，衣摆侧缝处起翘1cm，衣身腰节处作横向分割；取前腰节中点作垂线，依据袖窿省作刀背分割，腰节收省2cm；分别过腰省左边点与侧缝腰节中点、腰省右边点与前中线腰节三分之一点作垂线，为前衣身衣摆褶裥展开线；过衣身肩颈点沿肩斜线量取3cm，衣底边与前搭门止口交点向内量取6cm，连弧线为前衣身挂面，前衣身搭门设5粒纽扣，如图3-89中①所示。

后衣身以基本型衣身为基础，后领口宽作2.5cm开大处理；后衣身腰节侧缝处向内收1.5cm，臀围外展1.5cm，

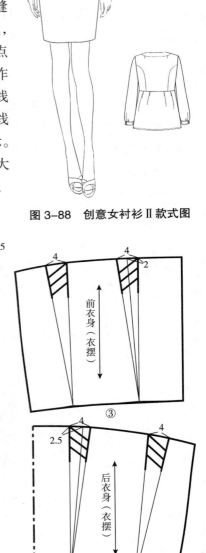

图3-88 创意女衬衫Ⅱ款式图

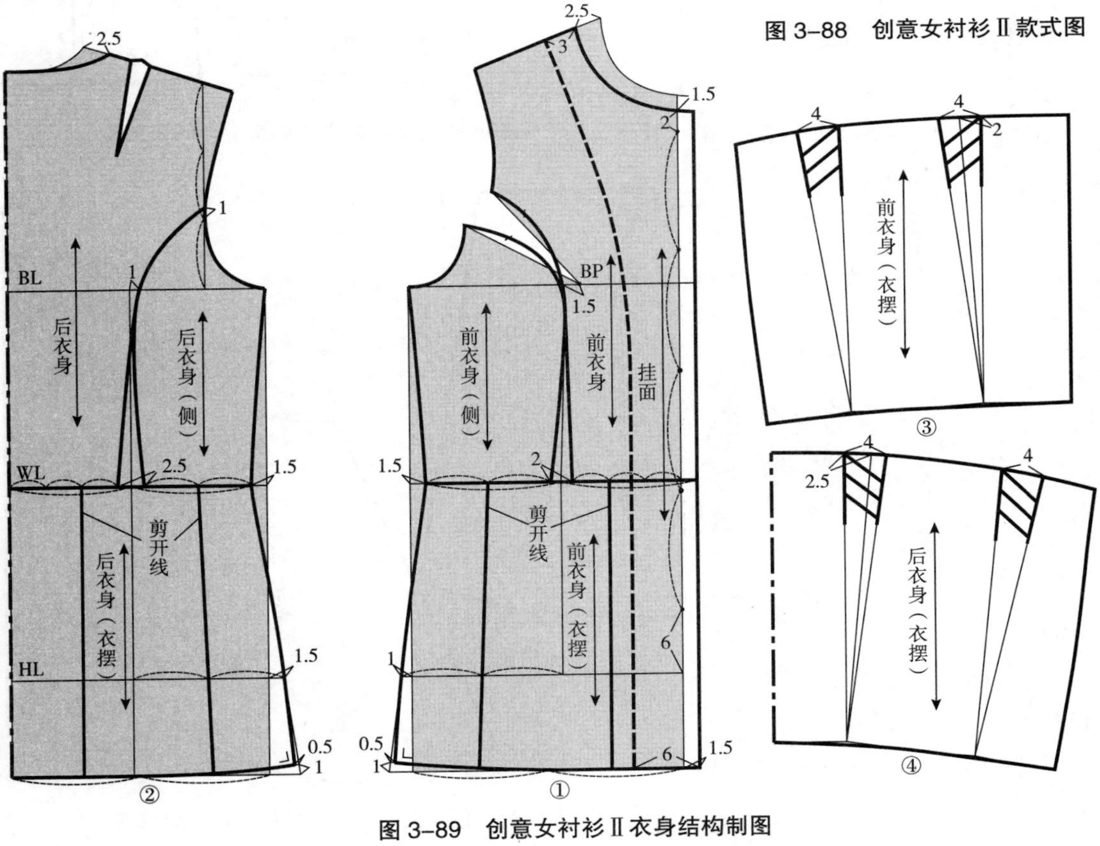

图3-89 创意女衬衫Ⅱ衣身结构制图

直衣摆造型设计,衣摆侧缝处起翘 1cm,衣身腰节处作横向分割;取后腰节中点作垂线,作刀背分割,腰节收省 2.5cm;分别过腰省右边点与侧缝腰节中点、腰省左边点与后中线腰节三分之一点作垂线,为后衣身衣摆褶裥展开线;保留基本型衣身原肩省不变,如图 3-89 中②所示。

如图 3-89 ③、④所示,分别作前、后衣身下摆部分褶裥展开处理。

(2)衣领结构设计:创意女衬衫Ⅱ采用坦领结构造型形式。

坦领结构设计方法与反翘型连翻领相同,根据其特殊领型形式,翻领松量计算公式系数由 0.8 适当调整为 1.2。

衣领结构制图以衣身领口为基础,首先预设衣领领座颈侧倾角 ≤ 90°、领座高 n=1cm、翻领宽 m=6cm。

如图 3-90 中①所示,以衣身领口 B 点为起点作水平线,过 B 点作水平线 ≤ 90° 夹角线 AB,线段 AB 即为领座高 n=1cm,过 A 点向肩斜线作引线 AC,线段 AC 即为翻领宽 m=6cm,延长线段 CB 至 D 点,设线段 CD=CA,过 D 点向前领口中线引直线 DE。

如图 3-90 中②所示,做 ED 延长线至 F,设 DF=m,过 D 点作 DF'=DF,设 FF'=(m-n+0.5)× 1.2,即为反翘型连翻领的翻领松量。延长 DF' 至 H 点,设 DH= 后领口弧长●,过 H 点作 DH 垂线 HG=m+n,画顺坦领下口线、翻领外口线、翻折线及坦领圆领角造型。

(3)衣袖结构设计:创意女衬衫Ⅱ衣袖采用一片袖结构形式。

如图 3-91 中①所示,衣袖结构制图以衣身袖窿为基础,首先将衣身袖窿省作合并处理,作前、后肩端点水平线,延长衣身侧缝线至后肩端点水平线,取前、后肩端点水平线的中点,过中点至袖窿底作 6 等分,取 5/6 为一片袖袖山高;基于合并袖窿省后的袖窿弧,分别量取前、后袖窿弧长(AH),以袖山顶点为原点分别取前 AH、后 AH+0.5cm 作袖山斜线至衣身胸围线,A、B 两点间距离即为一片袖袖肥;分别取前、后袖肥的中点作垂线至袖山顶点水平线,将前、后袖肥中点垂线作 5 等分,再将 5 等分中间区段作 3 等分,其中后袖肥垂线中的上三分之一、前袖肥垂线中的下三分之一的区间为袖山弧线转折调整区间。袖

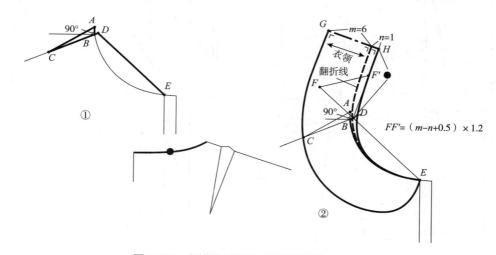

图 3-90　创意女衬衫Ⅱ衣领结构制图

长设定为实际袖长 –5cm，袖肘线（EL）取袖长 /2+2.5cm，袖口为弧线造型，后袖口处设 10cm 袖开衩。

袖克夫围度设为手腕围 +6cm，袖克夫宽为 5cm，设 1.5cm 搭门量，如图 3-91 中②所示。

5.纸样分解图　创意女衬衫Ⅱ纸样分解图如图 3-92 所示。

二、女套装结构设计应用

女套装的结构形式比男装变化更为丰富，且少受程式化的束缚，其结构组成主要有衣身、衣领、衣袖三部分，衣身结构有三开身和四开身两种主要形式，袖型以两片袖结构形式为主。从衣身廓型结构看，有直身型、修身型、宽松型三种基本形式。衣领结构主要有平驳领、戗驳领、青果领、立翻领、连翻

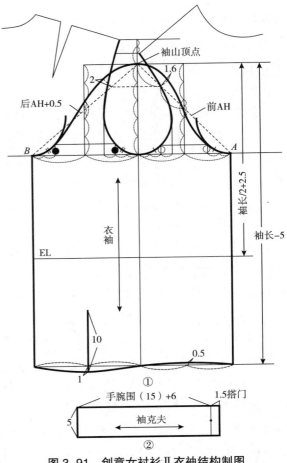

图 3-91　创意女衬衫Ⅱ衣袖结构制图

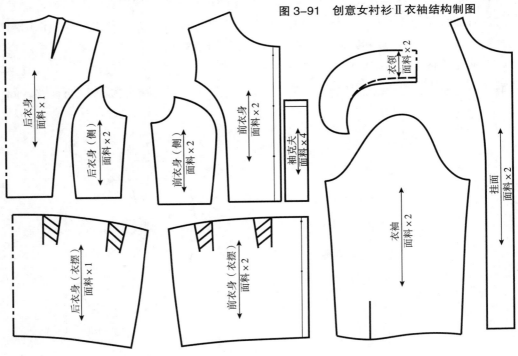

图 3-92　创意女衬衫Ⅱ纸样分解图

领和无领等。

（一）平驳领女西装结构设计

1. **款式特点**　合体衣身造型，平驳领，单排两粒扣，门襟圆角，衣长过臀至臀底沟，三开身衣身结构，设腰省，腰节下 8cm 位置设挖袋，加袋盖；合体两片袖结构形式，后袖口处设袖开衩，如图 3-93 所示。

2. **规格设计**　平驳领女西装结构设计实例采用 165/88A 号型规格，以女上装基本型衣身规格设计为基础。

（1）衣长：身高（h）×0.4。

（2）胸围（B）：$B*$+12cm+6cm。

（3）腰围（W）：B-22cm。

（4）胸宽：$B*$/8+6.2cm。

（5）背宽：$B*$/8+7.4cm。

（6）背长：39cm。

（7）腰长：18cm。

（8）袖长：53cm。

（9）前袖窿深：$B*$/5+ 8.3cm+1.5cm。

（10）后袖窿深：$B*$/12+ 13.7cm+1.5cm。

（11）领口宽：$B*$/24+ 3.4cm+1cm。

3. **结构制图**　平驳领女西装结构制图如图 3-94~ 图 3-97 所示。

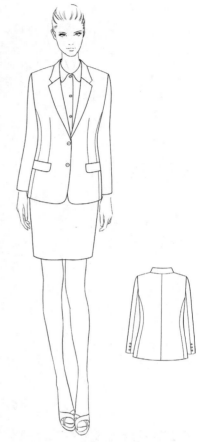

图 3-93　平驳领女西装款式图

4. **结构制图说明**

（1）衣身、衣领结构设计：衣身结构以基本型衣身为基础，半身胸围追加 3cm 放量，采用三开身结构制图形式；根据款式要求，首先将基本型衣身后肩省合并二分之一，剩余省量转至后袖窿处；前衣身肩端点提高 0.7cm，重新连接前肩斜线，前衣身胸部作撇胸处理；袖窿省合并三分之二，剩余省量转至肩部，如图 3-94 中①、②所示。

如图 3-95 所示，基于基本型衣身领口，前、后领口宽作 1cm 开大处理，后肩端点加 1cm 起翘量，前、后肩端点沿肩斜线分别外延 0.5cm，袖窿深下落 1cm，取右侧三分之一点为袖窿底点，画顺袖窿弧线；基本型前衣身侧缝向内量取 4.5cm 作垂线至袖窿弧线和腰节线，过垂线与腰节线交点向右 0.5cm 处设 2.5cm 开身省量，取 2.5cm 中点作垂线至衣底边，垂线与臀围线相交处分别向两侧作 0.5cm 重叠量，衣底边处分别向内作 0.5cm 内收处理，画顺前开身分割线；过 BP 点向左量取 1.5cm 作垂线至腰节下 10.5cm 为腰省基础线，设腰省为 1.5cm，上省尖距胸围线 3cm；设大袋袋口长 15cm，袋盖宽 5cm，依据胸省位置完成袋盖制图；基本型后衣身侧缝向内量取 5cm 作垂线至前袖窿省下边点水平线与腰节

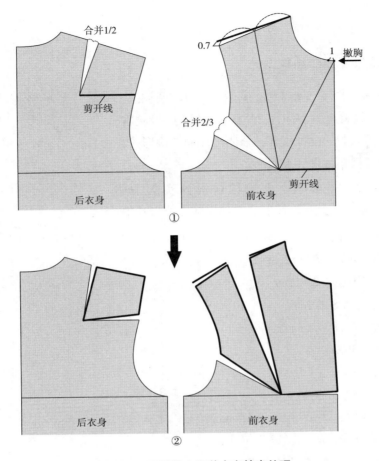

图 3-94 平驳领女西装衣身转省处理

线，过垂线与腰节线交点向左 5cm 为开身省量，取后开身省量中点作垂线至衣底边线，垂线与臀围线相交处作 0.5cm 重叠量，衣底边线处分别向内作 0.5cm 内收处理，画顺后开身分割线；后衣身中线腰节、臀围分别向内收 2cm，画顺后中缝线；前衣身设 2.5cm 搭门，前衣摆下落 1cm，腰节上方 2cm 与搭门止口交于 E 点为驳头翻驳点。

平驳领是驳领的基本领型，由翻领和衣身前门襟的驳头两部分组成，平驳领结构制图以衣身领口为基础，设衣领领座颈侧倾角 96°、领座高 $n=3cm$、翻领宽 $m=4cm$。如图 3-95 所示，以衣身领口 B 点为起点作水平线，过 B 点作水平线 96° 夹角线 AB，线段 AB 的长度即为领座高 $n=3cm$，过 A 点向肩斜线作引线 AC，线段 AC 即为翻领宽 $m=4cm$，延长线段 CB 至 D 点，设线段 $CD=CA$，连接 ED 为衣领和驳头的翻折线，作 ED 延长线至 F，设 $DF=m$，过 D 点作 $DF'=DF$，设 $FF'=(m-n+0.5)\times0.8$，即为连翻领的翻领松量。过 B 点作 DF' 的平行线 BG，设 $BG=$ 后领口弧长 ●，过 G 点作 BG 垂线 $GH=m+n$。过肩斜线中点作衣身领口弧线的切线为领口串口线的基础线，作领口斜线 OB 平行于翻折线 DE，设驳头宽 8cm，领缺嘴角度设计为 70°，设 $O'E'=4cm$、$O'I=3.5cm$，画顺翻领的领下口线、外口线、翻折线及驳头外口线。

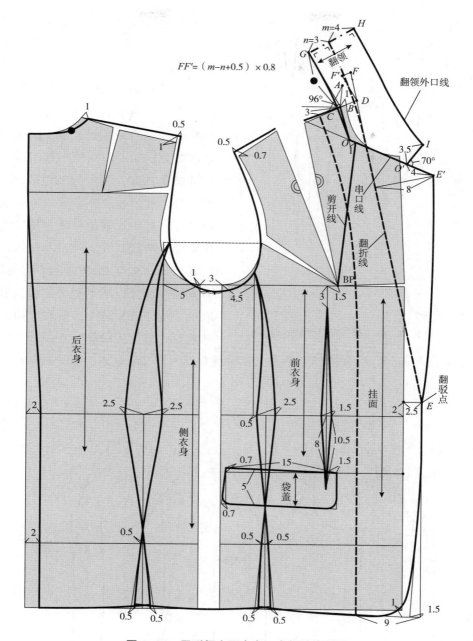

$$FF' = (m-n+0.5) \times 0.8$$

图 3-95 平驳领女西衣身、衣领结构制图

如图 3-95 所示，画顺衣底边线，过领口 *O* 点沿串口线量取 1cm，与 BP 点连线，设为肩省转移位置，过前肩颈侧点沿肩斜线量取 3cm，衣摆止口线向内量取 9cm，并连弧线为前衣身挂面。

如图 3-96 所示，将肩省转至领口位置。

（2）衣袖结构设计：两片袖是西装等制服类服装的基本袖型，衣袖由大、小两个袖片构成，合体、修身是两片袖的基本特征，衣袖弯势、前势、靠势是两片袖结构设计的重点。

两片袖结构设计以一片袖为基础，如图 3-97 中①所示，首先依据西装袖窿弧完成基

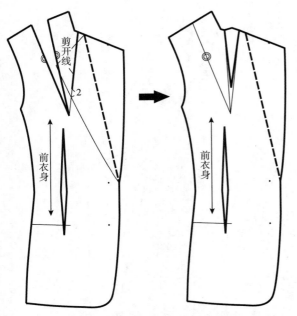

图 3-96　平驳领女西装衣身纸样省转移处理

础一片袖结构制图，具体制图步骤和方法参见第三章第二节"女上装衣袖结构设计原理"。

如图 3-97 中②所示，分别取一片袖前、后袖肥的中点作垂线为两片袖大、小袖片分割的基准线。基于前袖肥分割基准线分别向左右两侧平移 3cm 为大、小袖前偏袖线，袖肘处缩进 0.7cm 作袖身弯势，袖口处向外量取 2cm 做衣袖前势设计，过一片袖袖中线与袖口线交点作袖前势斜线垂线为袖口基础线，设袖口宽 13cm，画顺大、小袖片前袖缝弧线。后偏袖线设计以后袖肥分割线为基准，取袖山高下 2/5 为大、小袖片袖山弧线分割点，依据后袖肥中点垂线分别量取

0.3cm、0.5cm、1cm 各点，画顺大、小袖片后袖缝弧线，作 2.5cm 宽、9cm 长袖开衩折边。

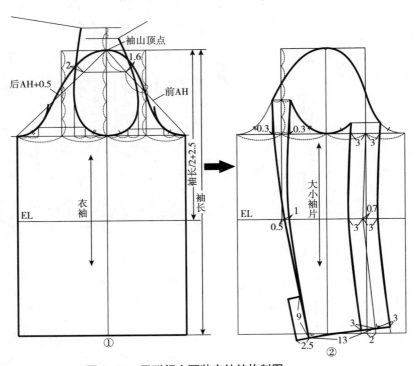

图 3-97　平驳领女西装衣袖结构制图

5. **纸样分解图**　平驳领女西装纸样分解图如图 3-98 所示。

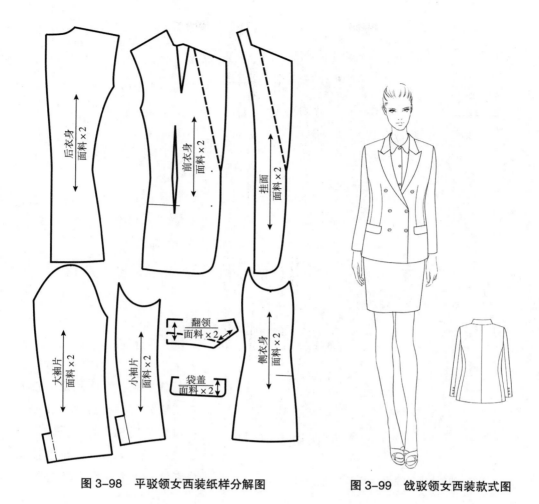

图 3-98 平驳领女西装纸样分解图

图 3-99 戗驳领女西装款式图

（二）戗驳领女西装结构设计

1. **款式特点** 合体衣身造型，戗驳领，双排六粒纽扣，门襟直角，衣长过臀至臀底沟，三开身衣身结构，设腰省，腰节下 8cm 位置设挖袋，加袋盖；合体两片袖结构形式，后袖口处设袖开衩，如图 3-99 所示。

2. **规格设计** 戗驳领女西装结构设计实例采用 165/88A 号型规格，以女上装基本型衣身规格设计为基础。

（1）衣长：身高（h）×0.4。

（2）胸围（B）：B^*+12cm+6cm。

（3）腰围（W）：B-18cm。

（4）胸宽：B^*/8+6.2cm。

（5）背宽：B^*/8+7.4cm。

（6）背长：39cm。

（7）腰长：18cm。

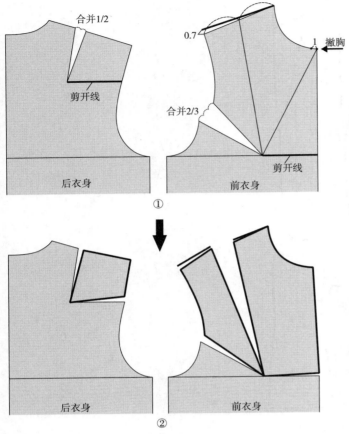

图 3-100　戗驳领女西装衣身转省处理

（8）袖长：53cm。

（9）前袖窿深：$B*/5+8.3cm +1.5cm$。

（10）后袖窿深：$B*/12+13.7cm+1.5cm$。

（11）领口宽：$B*/24+3.4cm +1cm$。

3. 结构制图　戗驳领女西装结构制图如图 3-100~图 3-103 所示。

4. 结构制图说明

（1）衣身、衣领结构设计：衣身结构以基本型衣身为基础，半身胸围追加 3cm 放量，采用三开身结构制图形式。根据款式要求，首先将基本型衣身后肩省合并二分之一，剩余省量转至后袖窿处；前衣身肩端点提高 0.7cm，重新连接前肩斜线，前衣身胸部作撇胸处理，袖窿省合并三分之二，剩余省量转至肩部，如图 3-100 中①、②所示。

如图 3-101 所示，基于基本型衣身领口，前、后领口宽作 1cm 开大处理，后肩端点加 1cm 起翘量，前、后肩端点沿肩斜线分别外延 0.5cm，袖窿深下落 1cm，取右三分之一点为袖窿底点，画顺袖窿弧线；基本型前衣身侧缝向内量取 4.5cm 作垂线至袖窿弧线与腰节线，过垂线与腰节线交点向右设 2cm 胁省量，取 2cm 胁省中点作垂线至腰节线下 11cm，袖窿处设 1cm 胁省开口量，画顺胁省边线；过 BP 点向左量取 1.5cm 作垂线至腰节下 8cm 为腰省基础线，设腰省 1.5cm，上省尖距胸围线 3cm；设大袋袋口长 15cm，袋盖宽 5cm，依据胸省位置完成袋盖制图；基本型后衣身侧缝向内量取 5.5cm 作垂线至前袖窿省下边点水平线与腰节线，过垂线与腰节线交点向左作 4cm 开身省量，取后开身省量的中点作垂线至衣底边线，画顺后开身分割线；后衣身中线腰节、臀围处分别向内收 1.5cm，画顺后中缝线；前衣身设 6cm 搭门，前衣摆下落 1cm，腰节线与搭门止口交于 E 点为驳头翻驳点。

戗驳领是驳领的基本领型，亦由翻领和衣身前门襟的驳头两部分组成。戗驳领结构制图以衣身领口为基础，设衣领领座颈侧倾角 96°、领座高 $n=3cm$、翻领宽 $m=4.5cm$。如

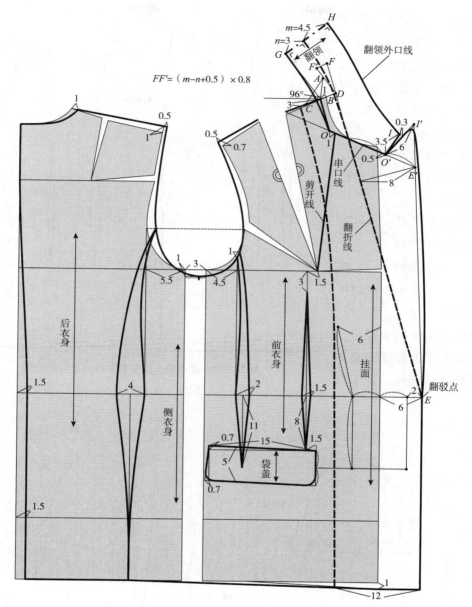

图 3-101 戗驳领女西装衣身、衣领结构制图

图 3-101 所示，以衣身领口 B 点为起点作水平线，过 B 点作水平线 96° 夹角线 AB，线段 AB 即为领座高 n=3cm，过 A 点向肩斜线作引线 AC，线段 AC 即为翻领宽 m=4.5cm，延长线段 CB 至 D 点，设线段 CD=CA，连接 ED 为衣领和驳头的翻折线，作 ED 延长线至 F，设 DF=m，过 D 点作 DF'=DF，设 FF'=（$m-n$+0.5）×0.8，即为连翻领的翻领松量。过 B 点作 DF' 的平行线 BG，设 BG= 后领口弧长●，过 G 点作 BG 垂线 GH=$m+n$。过肩斜线中点作衣身领口弧线的切线为领口串口线的基础线，作领口斜线 OB 平行于翻折线 DE，设驳头宽 8cm，翻领前领角可设计为 70°，设 $O'I$=3.5cm、$O'I'$=6cm，戗驳头领尖嘴间隙 0.3cm，画顺翻领的领下口线、外口线、翻折线及驳头尖嘴造型、驳头外口线。

如图 3-101 所示，画顺衣底边线，过领口 *O* 点沿串口线量取 1cm，与 BP 点连线，设为肩省转移位置，过前肩颈侧点沿肩斜线量取 3cm，衣底边向内量取 12cm，连弧线为前衣身挂面，取袋盖宽中点为下排扣位，上排扣位距衣身前中线 6cm。

如图 3-102 所示，将肩省转移至领口位置。

（2）衣袖结构设计：戗驳领女西装也采用合体两片袖结构设计。

如图 3-103 中①所示，首先依据西装袖窿弧完成基础一片袖结构制图，具体制

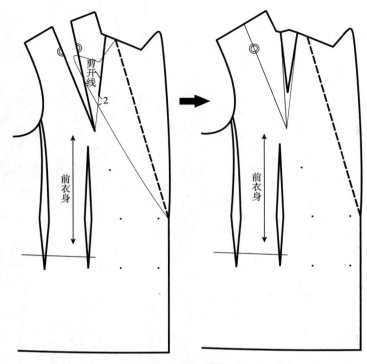

图 3-102　戗驳领女西装衣身纸样省转移处理

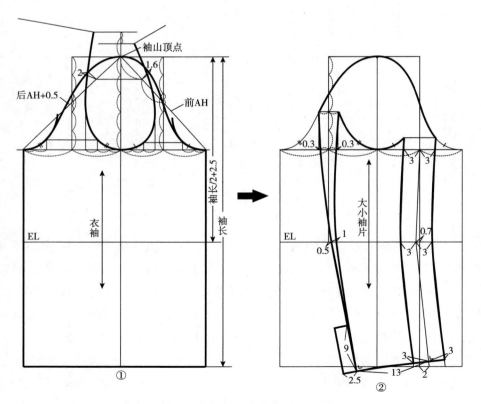

图 3-103　戗驳领女西装衣袖结构制图

图步骤和方法参见第三章第二节"女上装衣袖结构设计原理"。

如图 3-103 中②所示，分别取一片袖前、后袖肥的中点作垂线为两片袖大、小袖片分割的基准线。基于前袖肥分割基准线分别向左右两侧平移 3cm 为大、小袖前偏袖线，在袖肘处缩进 0.7cm 作为袖身弯势，袖口处向外量取 2cm 做衣袖前势设计，过一片袖袖中线与袖口线交点作袖前势斜线垂线为袖口基础线，设袖口宽 13cm，画顺大、小袖片前袖缝弧线。后偏袖线设计以后袖肥分割线为基准，取袖山高下 2/5 为大、小袖片袖山弧线分割点，依据后袖肥中点垂线分别量取 0.3cm、0.5cm、1cm 各点，画顺大、小袖片后袖缝弧线，作 2.5cm 宽、9cm 长袖开衩折边。

5. **纸样分解图** 戗驳领女西装纸样分解图如图 3-104 所示。

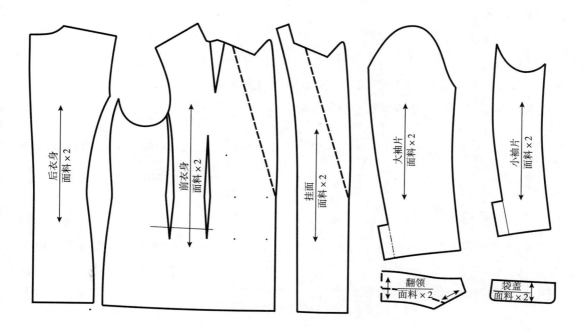

图 3-104 戗驳领女西装纸样分解图

（三）青果领女西装结构设计

1. **款式特点** 合体衣身造型，青果领，单排一粒扣，门襟斜直角，衣长过臀至臀底沟，三开身衣身结构，通底腰省设计，腰节下 8cm 位置设挖袋，加袋盖；合体两片袖结构形式，后袖口处设袖开衩，如图 3-105 所示。

2. **规格设计** 青果领女西装结构设计实例采用 165/88A 号型规格，以女上装基本型衣身规格设计为基础。

（1）衣长：身高（h）×0.4。

（2）胸围（B）：B*+12cm+6cm。

（3）腰围（W）：B-22cm。

（4）胸宽：$B*/8+6.2cm$。

（5）背宽：$B*/8+7.4cm$。

（6）背长：39cm。

（7）腰长：18cm。

（8）袖长：53cm。

（9）前袖窿深：$B*/5+8.3cm+1.5cm$。

（10）后袖窿深：$B*/12+13.7cm+1.5cm$。

（11）领口宽：$B*/24+3.4cm+1cm$。

3.结构制图 青果领女西装结构制图如图3-106~图3-109所示。

4.结构制图说明

（1）衣身、衣领结构设计：衣身结构以基本型衣身为基础，半身胸围追加3cm放量，采用三开身结构制图形式。根据款式要求，首先将基本型衣身后肩省合并二分之一，

图3-105 青果领女西装款式图

剩余省量转至后袖窿处；前衣身肩端点抬高0.7cm，重新连接前肩斜线，前衣身胸部作撇胸处理；袖窿省合并三分之二，剩余省量转至肩部，如图3-106中①、②所示。

如图3-107所示，基于基本型衣身领口，前、后领口宽作1cm开大处理，后肩端点加1cm起翘量，前、后肩端点沿肩斜线分别外延0.5cm，袖窿深下落1cm，取右三分之一点为袖窿底点，画顺袖窿弧线；基本型前衣身侧缝向内量取4.5cm作垂线至袖窿弧线与腰节线，过垂线与腰节线交点向右0.5cm

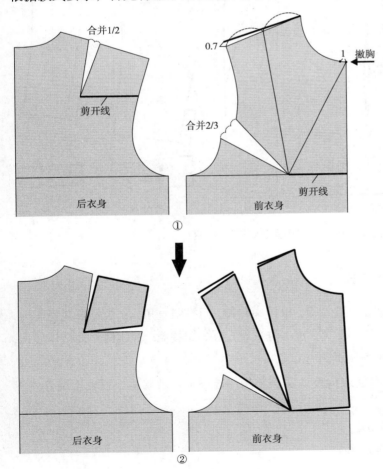

图3-106 青果领女西装衣身转省处理

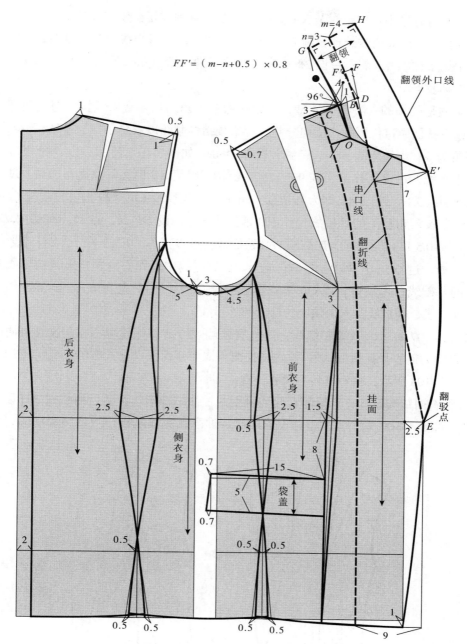

$$FF' = (m - n + 0.5) \times 0.8$$

图 3-107　青果领女西装衣身、衣领结构制图

设 2.5cm 开身省量，取 2.5cm 中点作垂线至衣底边线，垂线与臀围线相交处分别向两侧作 0.5cm 重叠量，衣底边处分别向内作 0.5cm 内收处理，画顺前开身分割线；过 BP 点作垂线至腰节线，在垂线与腰节线交点处量取 1.5cm 设为腰省，取腰省中点与 BP 点连线并延长至底边为通底腰省省位线，设腰省上省尖点距胸围线 3cm，画顺腰省边线；设大袋袋口长 15cm，袋盖宽为 5cm，依据胸省位置完成袋盖制图；基本型后衣身侧缝向内量取 5cm 作垂线至前袖窿省下边点水平线与腰节线，过垂线与腰节线交点向左作 5cm 开身省

量，取后开身省量中点作垂线至衣底边线，垂线与臀围线相交处作 0.5cm 重叠量，衣底边处分别向内作 0.5cm 内收处理，画顺后开身分割线；后衣身中线腰节、臀围处分别向内收 2cm，画顺后中缝线；前衣身设 2.5cm 搭门，前衣摆下落 1cm，腰节线与搭门止口交于 E 点为驳头翻驳点。

青果领是驳领的一种特殊领型，无领缺嘴和领角结构。青果领挂面与翻领部分为连属结构，在挂面领口位置需作横向分割。青果领结构制图以衣身领口为基础，设衣领领座颈侧倾角为 96°、领座高 n=3cm、翻领宽 m=4cm。如图 3-107 所示，以衣身领口 B 点为起点作水平线，过 B 点作水平线 96° 夹角线 AB，线段 AB 即为领座高 n=3cm，过 A 点向肩斜线作引线 AC，线段 AC 即为翻领宽 m=4cm，延长线段 CB 至 D 点，设线段 CD=CA，连接 ED 为衣领和驳头的翻折线，作 ED 延长线至 F，设 DF=m，过 D 点作 DF'=DF，设 FF'=（m-n+0.5）×0.8，即为连翻领的翻领松量；过 B 点作 DF' 的平行线 BG，设 BG= 后领口弧长 ●，过 G 点作 BG 垂线 GH=m+n。过肩斜线中点作衣身领口弧线的切线为领口串口线的基础线，作领口斜线 OB 平行于翻折线 DE，设驳头宽为 7cm，画顺翻领的领下口线、外口线、翻折线及青果领驳头部分的外口线。

如图 3-107 所示，画顺衣摆线，过前肩颈侧点沿肩斜线量取 3cm，衣底边向内量取 9cm，连弧线为前衣身挂面，过领口 O 点作挂面垂线为挂面领口位置横向分割线（图 3-110）。

如图 3-108 所示，将肩省转至腰省位置。

（2）衣袖结构设计：青果领女西装采用两片袖结构形式，两片袖结构设计以一片袖为基础。如图 3-109 中①所示，首先依据西装袖窿弧完成基础一片袖结构制图，具体制

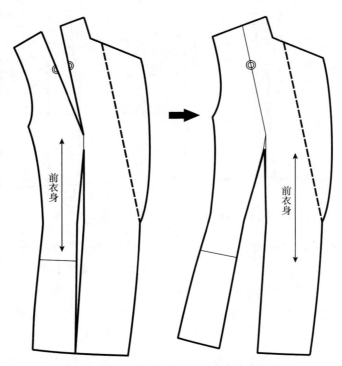

图 3-108　青果领女西装衣身纸样省转移处理

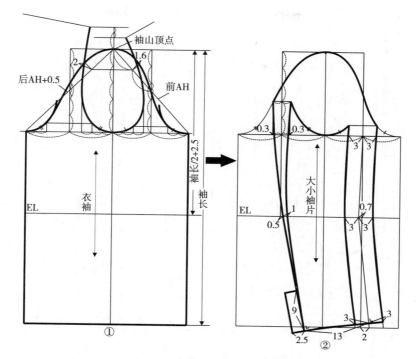

图 3-109 青果领女西装衣袖结构制图

图步骤和方法参见第三章第二节"女上装衣袖结构设计原理"。

如图 3-109 中②所示，分别取一片袖前、后袖肥的中点作垂线为两片袖大、小袖片分割的基准线。基于前袖肥分割基准线分别向左右两侧平移 3cm 为大、小袖前偏袖线，袖肘处缩进 0.7cm 作为袖身弯势，袖口处向外量取 2cm 做衣袖前势设计，过一片袖袖中线与袖口线交点作袖前势斜线垂线为袖口基础线，设袖口宽 13cm，画顺大、小袖片前袖缝弧线。后偏袖线设计以后袖肥分割线为基准，取袖山高下 2/5 为大、小袖片袖山弧线分割点，依据后袖肥中点垂线分别量取 0.3cm、0.5cm、1cm 各点，画顺大、小袖片后袖缝弧线，作 2.5cm 宽、9cm 长袖开衩折边。

5. **纸样分解图** 青果领女西装纸样分解图如图 3-110 所示。

（四）刀背缝女西装结构设计

1. **款式特点** 合体衣身造型，平驳领，单排三粒扣，门襟直角，衣长过臀至臀底沟，四开身衣身结构，前、后衣身做刀背缝分割设计，腰节下 8cm 位置设贴袋；合体两片袖结构形式，后袖口处无袖开衩，如图 3-111 所示。

2. **规格设计** 刀背缝女西装结构设计实例采用 165/88A 号型规格，以女上装基本型衣身规格设计为基础。

（1）衣长：身高（h）×0.4。

（2）胸围（B）：$B*$+12cm+6cm。

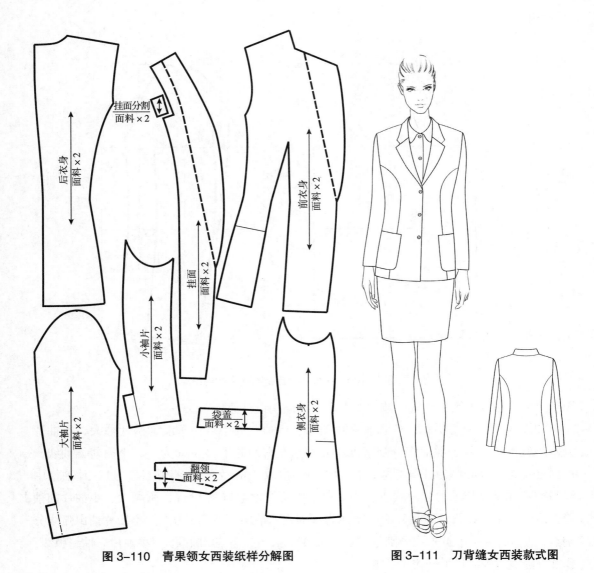

图 3-110　青果领女西装纸样分解图　　　　图 3-111　刀背缝女西装款式图

（3）腰围（W）：B-18cm。

（4）胸宽：B*/8+6.2cm。

（5）背宽：B*/8+7.4cm。

（6）背长：39cm。

（7）腰长：18cm。

（8）袖长：53cm。

（9）前袖窿深：B*/5+8.3cm+1.5cm。

（10）后袖窿深：B*/12+13.7cm+1.5cm。

（11）领口宽：B*/24+3.4cm+1cm。

3. 结构制图　刀背缝女西装结构制图如图 3-112~ 图 3-114 所示。

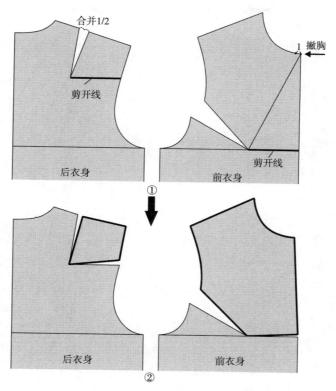

图 3-112　刀背缝女西装衣身转省处理

4. 结构制图说明

（1）衣身、衣领结构设计：衣身结构以基本型衣身为基础，半身胸围追加 3cm 放量，采用四开身结构制图形式。根据款式要求，首先将基本型衣身后肩省合并二分之一，剩余省量转至后袖窿处；前衣身仅前胸作撇胸处理，如图 3-112 中①、②所示。

如图 3-113 所示，基于基本型衣身领口，前、后领口宽作 1cm 开大处理，前肩端点起翘 0.7cm，后肩端点起翘 1cm，前、后肩端点沿肩斜线分别外延 0.5cm，袖窿深下落 1cm，取右三分之一点为袖窿底点，画顺袖窿弧线；前衣身腰节侧缝处向内收 1.5cm，底摆外展 1cm，直衣摆造型设计，取前腰节中点作垂线，中点左取 0.5cm、右取 2cm 设为前腰省省量，取三分之二袖窿省作刀背分割；后衣身腰节侧缝处向内收 1.5cm，下摆外展 1cm，取后腰节中点向右量取 3.5cm 设为后腰省省量，下摆展开各 0.5cm，作刀背分割；前衣身设 2.5cm 搭门，前衣摆下落 1cm，取腰节线至胸围线三分之一点与搭门止口交于 E 点为驳头翻驳点。

采用平驳领结构形式，平驳领结构制图以衣身领口为基础，设衣领领座颈侧倾角为 96°、领座高 $n=3$cm、翻领宽 $m=4$cm。如图 3-113 所示，以衣身领口 B 点为起点作水平线，过 B 点作水平线 96° 夹角线 AB，线段 AB 即为领座高 $n=3$cm，过 A 点向肩斜线作引线 AC，线段 AC 即为翻领宽 $m=4$cm，延长线段 CB 至 D 点，设线段 CD=CA，连接 ED 为衣领和驳头的翻折线，作 ED 延长线至 F，设 DF=m，过 D 点作 DF'=DF，设 FF'=（$m-n+0.5$）×0.8，

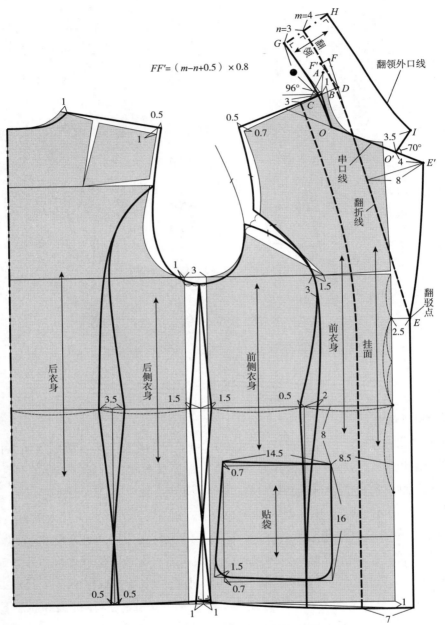

$$FF' = (m-n+0.5) \times 0.8$$

图 3-113　刀背缝女西装结构制图

即为连翻领的翻领松量。过 B 点作 DF' 的平行线 BG，设 $BG=$ 后领口弧长●，过 G 点作 BG 垂线 $GH=m+n$。过肩斜线中点作衣身领口弧线的切线为领口串口线的基础线，作领口斜线 OB 平行于翻折线 DE，设驳头宽8cm，领缺嘴角度设计为70°，设 $O'E'=4$cm、$O'I=3.5$cm，画顺翻领的领下口线、外口线、翻折线及驳头外口线。

　　如图 3-113 所示，画顺衣摆线，过前肩颈侧点沿肩斜线量取3cm，衣底边向内量取7cm，连弧线为前衣身挂面；设贴袋袋口长14.5cm、贴袋深16cm，贴袋袋口距腰节

8cm，距衣身前中线 8.5cm，完成贴袋结构制图。

（2）衣袖结构设计：采用两片袖结构形式，两片袖结构设计以一片袖为基础。如图 3-114 ①所示，首先依据西装袖窿弧完成基础一片袖结构制图，具体制图步骤和方法

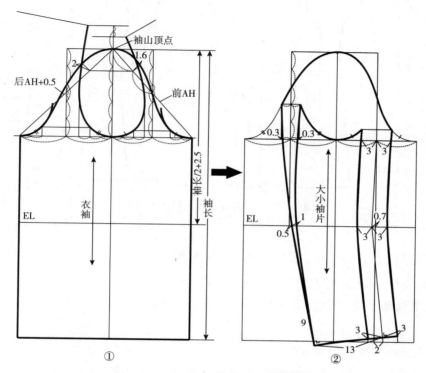

图 3-114　刀背缝女西装衣袖结构制图

参见第三章第二节"女上装衣袖结构设计原理"。

如图 3-114 中②所示，分别取一片袖前、后袖肥的中点作垂线为两片袖大、小袖片分割的基准线。基于前袖肥分割基准线分别向左右两侧平移 3cm 为大、小袖前偏袖线，袖肘处缩进 0.7cm 作为袖身弯势，袖口处向外量取 2cm 做衣袖前势设计，过一片袖袖中线与袖口线交点作袖前势斜线垂线为袖口基础线，设袖口宽 13cm，画顺大、小袖片前袖缝弧线。后偏袖线设计以后袖肥分割线为基准，取袖山高下 2/5 为大、小袖片袖山弧线分割点，依据后袖肥中点垂线分别量取 0.3cm、0.5cm、1cm 各点，画顺大、小袖片后袖缝弧线。

5. **纸样分解图**　刀背缝女西装纸样分解图如图 3-115 所示。

（五）创意女套装 I 结构设计

1. **款式特点**　合体衣身造型，连身立领结构与青果领型结合，单排一粒扣，前、后衣身采用纵向曲线分割设计，前肩作横向过肩分割，门襟斜直角，衣长过臀至臀底沟，四开身衣身结构，通底腰省设计，腰节下 8cm 位置设嵌线挖袋；合体两片袖结构形式，

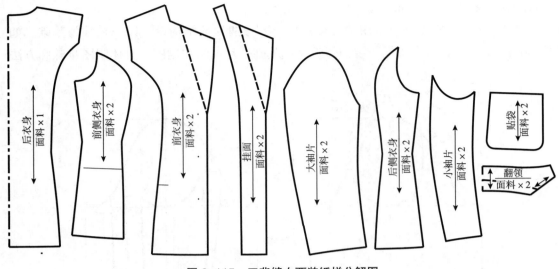

图 3-115 刀背缝女西装纸样分解图

袖山为借肩结构，后袖作纵向分割，如图 3-116 所示。

2. **规格设计** 创意女套装 I 结构设计实例采用 165/88A 号型规格，以女上装基本型衣身规格设计为基础。

（1）衣长：身高（h）×0.4。

（2）胸围（B）：$B*$+12cm+6cm。

（3）腰围（W）：B−20cm。

（4）胸宽：$B*$/8+6.2cm。

（5）背宽：$B*$/8+7.4cm。

（6）背长：39cm。

（7）腰长：18cm。

（8）袖长：53cm。

（9）前袖窿深：$B*$/5+8.3cm +1.7cm。

（10）后袖窿深：$B*$/12+13.7cm +2cm。

（11）领口宽：$B*$/24+3.4cm +0.5cm。

3. **结构制图** 创意女套装 I 结构制图如图 3-117~图 3-120 所示。

4. **结构制图说明**

（1）衣身结构设计：衣身结构以基本型衣身为基础，半身胸围追加3cm放量，采用四开身结构制图形式。根据款式要求，首先将基本型衣身后肩省合并二分之

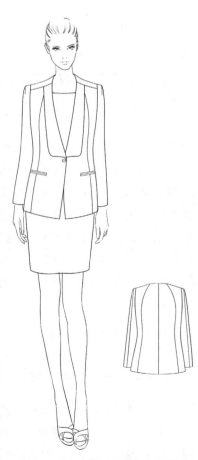

图 3-116 创意女套装 I 款式图

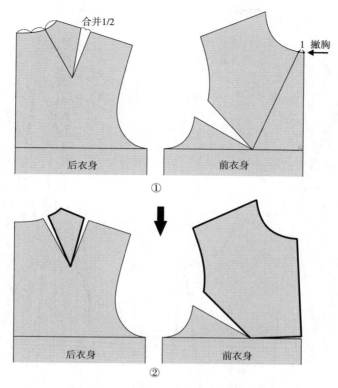

图 3-117 创意女套装 I 衣身转省处理

一，剩余省量转至后领口三分之一处；前衣身仅前胸作撇胸处理，如图 3-117 中①、②所示。

如图 3-118 所示，基于基本型衣身领口，前、后领口宽作 0.5cm 开大处理，设 100° 领身立领倾角，领高 2cm，前肩端点起翘 0.7cm，后肩端点起翘 1cm，前、后肩端点沿肩斜线分别外延 1cm，袖窿深下落 1cm，取右三分之一点为袖窿底点，画顺袖窿基础弧线、后领口线及前、后肩线；前、后衣身腰节侧缝处各向内收 2cm，衣摆止口设 1.5cm 重叠量；前衣身设 2cm 搭门，前衣摆下落 2cm，取腰节与搭门止口交点为下领口，衣摆止口向内收 3cm，画顺领口弧线、衣摆线、底边线；取基本型前衣身领口三分之一作过肩横向分割；基于前腰中点向左 1.5cm 设 2.5cm 腰省，过前过肩与领口交点、腰省中点作纵向通底分割，下摆设 1cm 重叠量；设嵌线挖袋袋口长 15cm，袋位距腰节线 8cm，距衣身前中线 8.5cm；设衣领下领角宽 7.5cm，过肩中点右 0.5cm 为衣领上端位置，过 BP 点与基本型衣身前领口下三分之一点连线设领省剪开线；基于后腰中点设 3.5cm 腰省，过后领省、腰省中点作纵向通底分割，下摆设 2cm 重叠量；袖窿弧线前、后肩端点向内各收 2.5cm 为衣袖借肩量；过前肩颈点沿肩斜线量取 3cm，衣底边向内量取 7cm，连弧线为前衣身挂面。

如图 3-119 所示，合并前侧衣身袖窿省，前衣身剩余省量转至领口。

（2）衣袖结构设计：衣袖基于一片袖采用借肩结构设计形式，衣袖结构制图以衣身袖窿为基础，首先将衣身袖窿省作合并处理，作前、后肩端点水平线，延长衣身侧缝线至后肩端点水平线，取前、后肩端点水平线的中点，过中点至袖窿底作 6 等分，取 5/6-1cm 为袖山高。

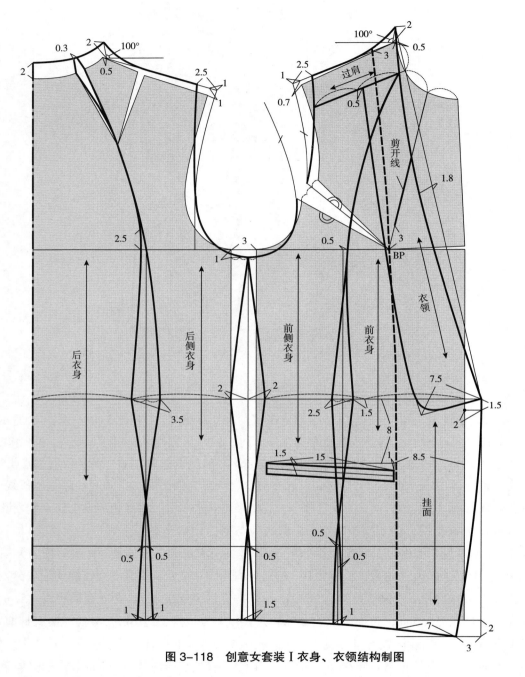

图 3-118　创意女套装 I 衣身、衣领结构制图

　　如图 3-120 中①所示，基于合并袖窿省后的袖窿弧，分别量取前、后袖窿弧长（AH），以袖山顶点为原点分别取前 AH、后 AH+0.5cm 作袖山斜线至衣身胸围线，A、B 两点间距离即为一片袖袖肥。分别取前、后袖肥的中点作垂线至袖山顶点水平线，将前、后袖肥中点垂线作 5 等分，再将 5 等分中间区段作 3 等分，其中后袖肥垂线中的上三分之一、前袖肥垂线中的下三分之一的区间为袖山弧线转折调整区间，袖长设定为实际袖长。

　　如图 3-120 中②、③所示，分别将衣身肩部▲、△部位与袖山进行对位拼合，设前

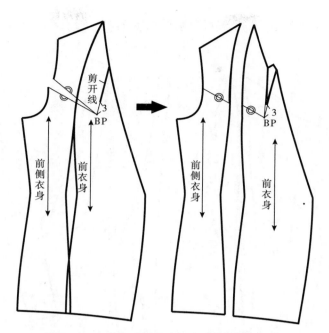

图 3-119 创意女套装 I 衣身纸样省转移处理

袖山分割缝 7.5cm，后袖山分割缝 8cm，袖山分割展开部分宽为 2.5cm，重新画顺袖山弧线及袖山分割线。如图 3-120 中③所示，袖肘部两侧各向内收 1.5cm，袖口前倾 2cm，设袖口宽 13cm，画顺袖边缝与袖口弧线，取后袖肘中点向右 0.5cm，袖口中点与后袖山分割点连弧线作后袖纵向分割，取前、后袖边缝差为后肘省量。

如图 3-120 中④所示，合并后袖肘省，画顺后袖边缝及分割缝。

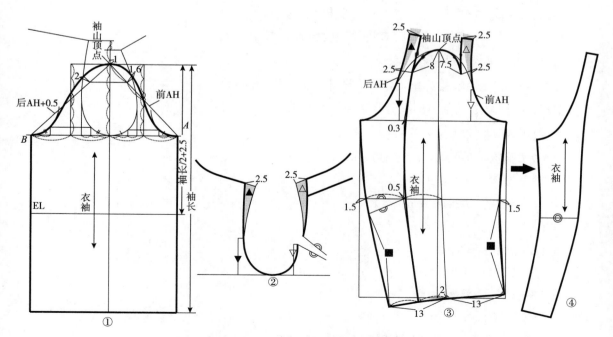

图 3-120 创意女套装 I 衣袖结构制图

5.纸样分解图 创意女套装Ⅰ纸样分解图如图 3-121 所示。

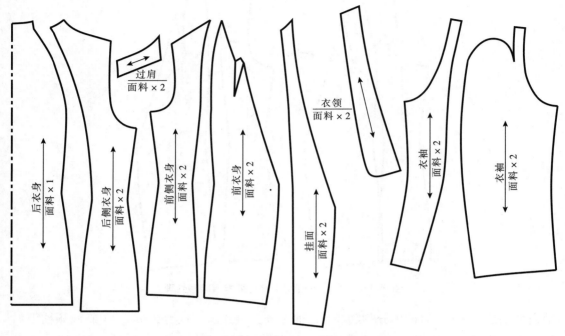

图 3-121 创意女套装Ⅰ纸样分解图

（六）创意女套装Ⅱ结构设计

1.款式特点 宽松衣身造型，四开身衣身结构，衣长至臀部，腰节作横向分割，直下摆，双排六粒纽扣，反翘连翻衣领，连身袖型，前、后衣身设刀背分割，腰节分割处夹缝袋盖，如图 3-122 所示。

2.规格设计 创意女套装Ⅱ结构设计实例采用 165/88A 号型规格，以女上装基本型衣身规格设计为基础。

（1）衣长：基本型衣身长减至臀围。

（2）胸围（B）：$B*+12cm+7cm$。

（3）腰围（W）：$B-16cm$。

（4）胸宽：$B*/8+6.2cm$。

（5）背宽：$B*/8+7.4cm$。

（6）背长：39cm。

（7）腰长：18cm。

（8）袖长：53cm。

（9）前袖窿深：$B*/5+8.3cm+1cm$。

（10）后袖窿深：$B*/12+13.7cm+1cm$。

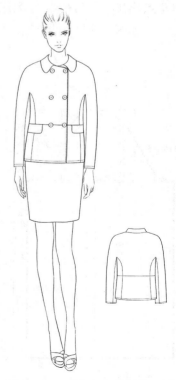

图 3-122 创意女套装Ⅱ款式图

（11）领口宽：$B*/24+3.4cm+1.5cm$。

3. **结构制图**　创意女套装Ⅱ结构制图如图 3-123~ 图 3-126 所示。

4. **结构制图说明**

（1）衣身、衣袖结构设计：衣身结构以基本型衣身为基础，半身胸围追加 3.5cm 放量，采用四开身结构制图形式。根据款式要求，首先将基本型衣身后肩省合并二分之一，剩余省量转至后袖窿处；前衣身仅前胸作撇胸处理，前肩二分之一处作展开，展开量▼转至袖窿省，剩余省量融入袖窿，如图 3-123 ①、②所示。

如图 3-124 中①所示，作前、后肩端点水平线，延长衣身侧缝线至后肩端点水平线，取前、后肩端点中点，过中点至袖窿底下 1cm 处作 6 等分，取 4/6 为袖山高。

如图 3-124 中②所示，基于基本型衣身领口，前领口宽作 1.5cm 开大处理，前领深下落 2cm，衣长至臀围线，设前衣身搭门 9cm。前衣身腰节侧缝处向内收 1.5cm，前衣摆下落 1cm，衣摆侧缝起翘 1cm，腰节线作横向分割；过前肩端点作 10cm 等腰直角三角形，取三角形斜边中点设定前插肩袖袖中线倾角，过前肩端点沿袖中线，设袖长 +3cm，过肩端点量取袖山高，作袖肥线，取前衣身袖窿省省边点 A 为前袖、前衣身对位符合点，过 A 点连直线至衣身袖窿底点 O，量取 AO，设 $AO=AO'$，AO' 交于袖肥线，画顺袖窿、袖山底弧线；取五分之三前袖肥为袖口宽，过袖口下三分之一点与 A 点连线为连袖分割线；设前衣身腰省 2cm，分别取腰节、下摆左三分之一点与 A 点连线，作衣身分割，设袋盖长 13cm、袋盖宽为 4.5cm；过肩颈点沿肩斜线量取 3cm，衣底边量取搭门宽 -1cm，连弧

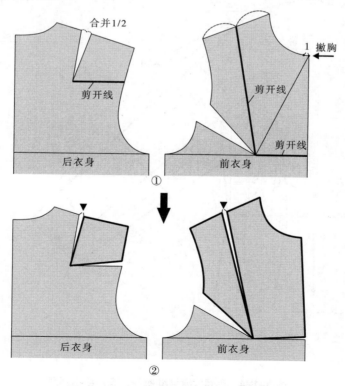

图 3-123　创意女套装Ⅱ衣身转省处理

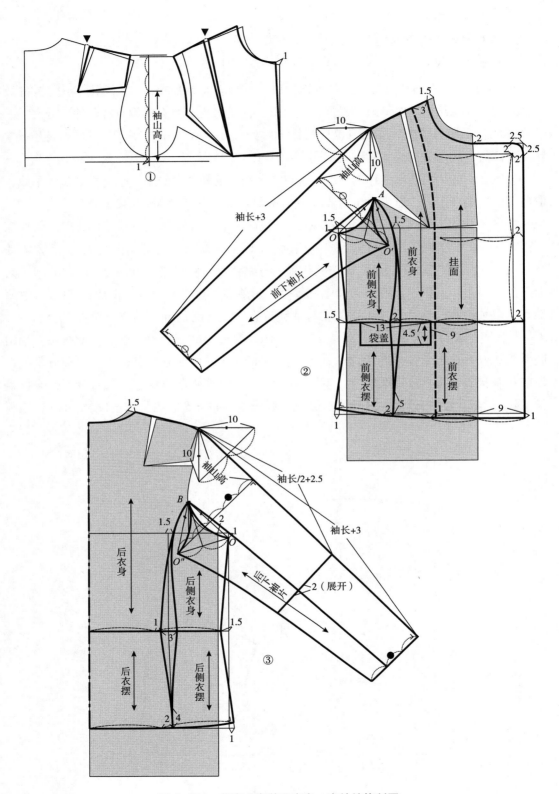

图 3-124　创意女套装 II 衣身、衣袖结构制图

线为前身挂面。

如图 3-124 中③所示，基于基本型衣身领口，后领口宽作 1.5cm 开大处理，衣长至臀围线，后衣身腰节侧缝处向内收 1.5cm，衣摆侧缝起翘 1cm，腰节作横向分割；过后肩端点作 10cm 等腰直角三角形，取三角形斜边中点设定后插肩袖袖中线倾角，过后肩端点沿袖中线，设袖长 +3cm，过肩端点量取袖山高，作袖肥线，取后衣身袖窿省省边点 B 为后袖、后衣身对位符合点，过 B 点连直线至衣身袖窿底点 O，量取 BO，设 $BO=BO''$，BO'' 交于袖肥线，画顺袖窿、袖山底弧线；取五分之三后袖肥为袖口宽，过袖口下三分之一点与 B 点连线为连袖分割线；设后衣身腰省 3cm，分别取腰节、底边中点向右 2cm 点与 B 点连线，作衣身分割。

如图 3-125 所示，后袖肘作 2cm 展开设计，重新画顺袖中缝、袖分割缝、袖底缝。

（2）衣领结构设计：创意女套装 Ⅱ 采用反翘型连翻领结构形式。

衣领结构制图以衣身领口为基础，首先预设衣领领座颈侧倾角 ≤ 90°、领座高 n=3cm、翻领宽 m=5cm。

如图 3-126 所示，以衣身领口 B 点为起点作水平线，过 B 点作水平线 ≤ 90° 夹角线 AB，线段 AB 即为领座高 n= 3cm，过 A 点向肩斜线作引线 AC，线段 AC 即为翻领宽 m=5cm，延长线段 CB 至 D 点，设线段 $CD=CA$。过 D

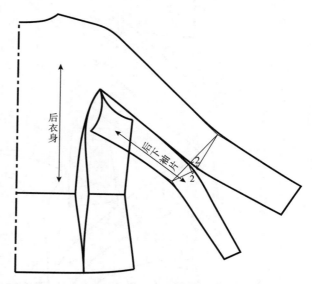

图 3-125　创意女套装 Ⅱ 后衣袖纸样肘部展开处理

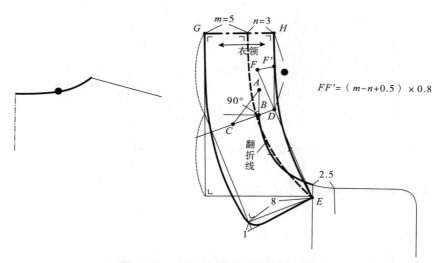

$$FF'=（m-n+0.5）\times 0.8$$

图 3-126　创意女套装 Ⅱ 衣领结构制图

点向前中线引直线 DE，设 $DE=$ 前领口弧线。作 ED 延长线至 F，设 $DF=m$，过 D 点作 $DF'=DF$，设 $FF'=(m-n+0.5)\times0.8$，即为反翘型连翻领的翻领松量。延长 DF' 至 H 点，设 $DH=$ 后领口弧长●，过 H 点作 DH 垂线 $HG=m+n$，分别过 G 点、E 点作相交垂直线，设领角宽 8cm。

画顺反翘型连翻领的领下口线、翻领外口线及翻领领角、翻折线。

5.**纸样分解图** 创意女套装Ⅱ纸样分解图如图 3-127 所示。

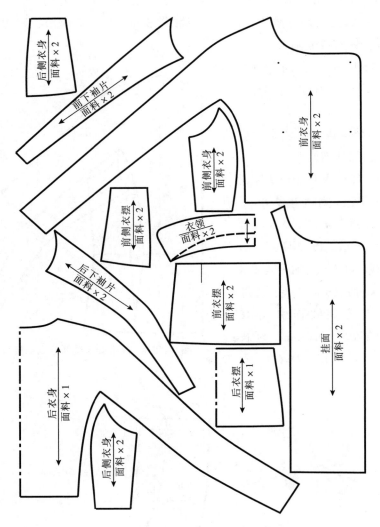

图 3-127 创意女套装Ⅱ纸样分解图

三、女大衣结构设计应用

女大衣，从衣长方面看主要有短款、中长款和长款，衣长设定可以膝围为参考依据。从大衣廓型结构看，有直身型、修身型、宽松型三种基本形式，女大衣结构组成主要有衣身、衣领、衣袖三部分，衣身结构亦有三开身和四开身两种主要形式；女大衣袖型丰富，一片袖、两片袖、插肩袖、连身袖都有应用；衣领结构主要有驳领、翻领、立领、无领等，休闲类女大衣亦有连帽设计应用。

（一）直身型女大衣结构设计

1. **款式特点**　宽松直衣身造型，衣长至膝围上 8cm，三开身衣身结构，单排五粒扣，前开身设直插袋，一片袖结构，后袖肘处加省，自带领座的连翻领领型，如图 3-128 所示。

2. **规格设计**　直身型女大衣结构设计实例采用 165/88A 号型规格，以女上装基本型衣身规格设计为基础。

（1）衣长：身高（h）×0.4+ 腰围至底摆间距 –8cm。

（2）胸围（B）：B*+12cm+10cm。

（3）腰围（W）：B–4cm。

（4）胸宽：B*/8+6.2cm。

（5）背宽：B*/8+7.4cm。

（6）背长：39cm。

（7）腰长：18cm。

（8）袖长：55cm。

（9）前袖窿深：B*/5+8.3cm +3cm。

（10）后袖窿深：B*/12+13.7cm +3.5cm。

（11）领口宽：B*/24+3.4cm +1cm。

3. **结构制图**　直身型女大衣结构制图如图 3-129~ 图 3-133 所示。

图 3-128　直身型女大衣款式图

4. **结构制图说明**

（1）衣身结构设计：衣身结构以基本型衣身为基础，采用三开身结构制图形式，根据款式要求，仅将基本型前衣身作撇胸处理，如图 3-129 中①、②所示。

如图 3-130 所示，半身胸围追加 5cm 放量，取基本型衣身腰围至底边长度 –8cm 为追加衣长；基于基本型衣身领口，前、后领口宽作 1cm 开大处理，前领口深下落 2cm；前肩端点起翘 1cm，后肩端点起翘 1.5cm，前、后肩端点沿肩斜线分别外延 1.5cm，袖窿深下落 2cm，取右三分之一点为袖窿底点，后肩省保留，前袖窿省取二分之一融入袖窿，画顺袖窿弧线；基于基本型衣身胸围线，前衣身垂直量取 3cm、后衣身垂直量取 6cm 作水平线交于袖窿弧并作垂线，为前、后开身分割基础线，前、后开身腰节处分别向内收 0.5cm，前开身衣摆设 3cm 重叠量，后开身衣摆设 4cm 重叠量，画顺开身侧缝线；设 2.5cm 搭门宽，五粒纽扣，衣摆下落 1cm，画顺衣底边线；后衣身肩省省尖偏右 0.5cm，前衣身侧缝从胸围处下量 2cm 与 BP 点连转省剪开线；设插袋袋口长 16cm、插袋袋片宽 3cm，插袋距腰节线

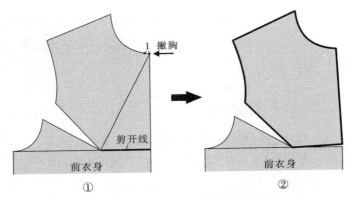

图 3-129　直身型女大衣衣身转省处理

3cm；过前肩颈侧点沿肩斜线量取 3cm，衣底边处向内量取 9cm，连弧线为前衣身挂面。

如图 3-131 所示，合并前衣身袖窿省转至衣身侧缝处。

（2）衣领结构设计：直身型女大衣采用自带领座的反翘连翻领结构造型形式。

衣领结构制图以衣身领口为基础，首先预设衣领领座颈侧倾角 ≤ 90°、领座高

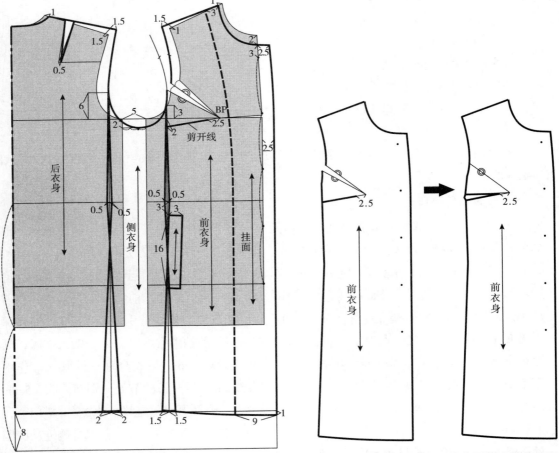

图 3-130　直身型女大衣衣身结构制图　　　　　图 3-131　直身型女大衣衣身纸样省转移处理

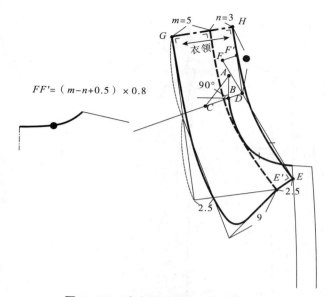

$$FF'=（m-n+0.5）×0.8$$

图 3-132　直身型女大衣衣领结构制图

为前领座高，分别过 G 点、E' 点作相交垂直线，设领角宽为9cm。

画顺反翘型连翻领的领下口线、翻领外口线及翻领领角、翻折线。

（3）衣袖结构设计：直身型女大衣采用较合体一片袖结构形式。

衣袖结构制图以衣身袖窿为基础，首先将衣身袖窿省作合并处理，并作前、后肩端点水平线，延长衣身侧缝线至后肩端点水平线，取前、后肩端点水平线的中点，过中点至袖窿底作6等分，取4.5/6为一片袖袖山高。

如图3-133所示，基于合并袖窿省后的袖窿弧，分别量取前、后袖窿弧长（AH），以袖山顶点为原点分别取前AH、后AH+0.5cm作袖山斜线至衣身胸围线，A、B两点间距离即为一片袖袖肥，分别取前、后袖肥的中点作垂线至袖山顶点水平线，将前、后袖肥中点垂线作5等分，再将5等分中间区段作3等分，其中后袖肥垂线中的上三分之一、前袖肥垂线中的下三分之一的区间为袖山弧线转折调整区间；袖长设定为实际袖长，袖肘线（EL）取袖长/2+2.5cm，袖中线前倾2cm，设袖口宽14cm，连袖边缝辅助线，前袖边缝袖肘处向内收1.5cm、后袖边缝袖肘处外展1.5cm，后袖肘作收省，省量为后袖口下落量。

$n=3$cm、翻领宽 $m=5$cm。

如图 3-132 所示，以衣身领口 B 点为起点作水平线，过 B 点作水平线 $\leq 90°$ 夹角线 AB，线段 AB 即为领座高 $n=3$cm，过 A 点向肩斜线作引线 AC，线段 AC 即为翻领宽 $m=5$cm，延长线段 CB 至 D 点，设线段 $CD=CA$。过 D 点向前中线引直线 DE，设 $DE=$ 前领口弧线。作 ED 延长线至 F，设 $DF=m$，过 D 点作 $DF'=DF$，设 $FF'=（m-n+0.5）×0.8$，即为反翘型连翻领的翻领松量。延长 DF' 至 H 点，设 $DH=$ 后领口弧长●，过 H 点作 DH 垂线 $HG=m+n$，设 $EE'=2.5$cm

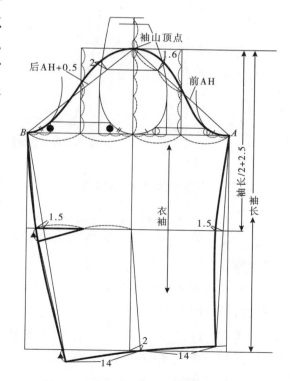

图 3-133　直身型女大衣衣袖结构制图

5.纸样分解图 直身型女大衣纸样分解图如图 3-134 所示。

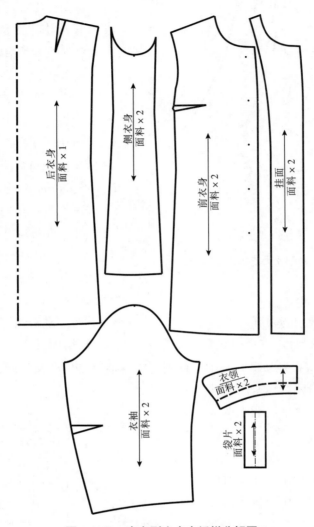

图 3-134　直身型女大衣纸样分解图

（二）修身型女大衣结构设计

1. **款式特点**　修身较合体造型，衣长过膝至小腿，四开身衣身结构，前、后衣身纵向作刀背分割，腰节作横向分割，单排四粒扣，前开身分割缝处设竖插袋，合体两片袖结构，微领嘴青果领型，如图 3-135 所示。

2. **规格设计**　修身型女大衣结构设计实例采用 165/88A 号型规格，以女上装基本型衣身规格设计为基础。

（1）衣长：身高（h）×0.4+1.5 倍腰围至底边间距。

（2）胸围（B）：B^*+12cm+10cm。

（3）腰围（W）：B-20cm。

（4）胸宽：$B*/8+6.2\text{cm}$。

（5）背宽：$B*/8+7.4\text{cm}$。

（6）背长：39cm。

（7）腰长：18cm。

（8）袖长：55cm。

（9）前袖窿深：$B*/5+8.3\text{cm}+3\text{cm}$。

（10）后袖窿深：$B*/12+13.7\text{cm}+3\text{cm}$。

（11）领口宽：$B*/24+3.4\text{cm}+1\text{cm}$。

3. 结构制图　修身型女大衣结构制图如图 3-136~ 图 3-139 所示。

4. 结构制图说明

（1）衣身、衣领结构设计：衣身结构以基本型衣身为基础，根据款式要求，将基本型前身胸部作撇胸处理，袖窿省三分之二转至侧缝腋下 4cm 位置，剩余三分之一袖窿省融入袖窿，如图 3-136 中①~③所示。

如图 3-137 所示，前身胸围追加 2cm 放量，袖窿深下落 2cm，取 1.5 倍基本型衣身腰围至底边长度为追加衣长，前领口宽作 1cm 开大处理，前领深下落 2cm，前肩端点起翘 1cm，肩端点沿肩斜线外延 1cm，设前衣身搭门 2.5cm，搭门胸围处下落 2cm 处为翻驳点，四粒纽扣，衣身腰节向内收 2cm，衣底边下落 1cm，衣摆侧缝处摆出 4.5cm；衣身腰节作

图 3-135　修身型女大衣款式图

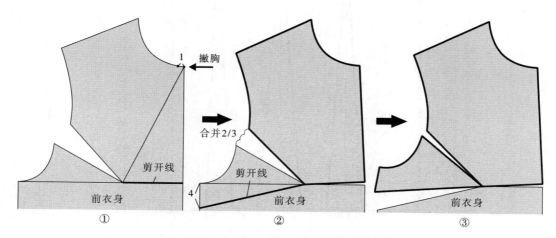

图 3-136　修身型女大衣衣身转省处理

横向分割，基于袖窿省位、前身腰节中点完成刀背分割，衣摆两侧分别设 2.5cm 重叠量，分割缝腰节下 2cm 处设插袋，插袋袋口长 15cm，插袋板牙宽为 2.5cm，腋下侧缝省尖距 BP 点 2cm。后衣身胸围追加 3cm 放量，袖窿深下落 2cm，取 1.5 倍基本型衣身腰围至底边长度的追加衣长，后领口宽作 1cm 开大处理，后肩端点起翘 1.5cm，肩端点沿肩斜线外延 1cm，衣身腰节向内收 2cm，衣摆侧缝处摆出 4.5cm；衣身腰节作横向分割，基于后袖

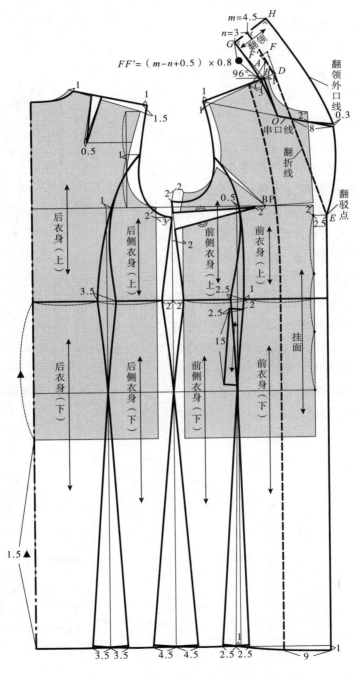

图 3-137　修身型女大衣衣身、衣领结构制图

窿深中点、腰节中点完成刀背分割，衣摆两侧分别设 3.5cm 重叠量，原肩省保留，省尖水平向右偏移 0.5cm；过前肩颈侧点沿肩斜线量取 3cm，衣底边处向内量取 9cm，连弧线为前衣身挂面。

修身型女大衣采用微领嘴青果领型设计，如图 3-137 所示，设衣领领座颈侧倾角 96°、领座高 n=3cm、翻领宽 m=4.5cm，以衣身领口 B 点为起点作水平线，过 B 点作 96° 夹角线 AB，线段 AB 即为领座高 n=3cm，过 A 点向肩斜线作引线 AC，线段 AC 即为翻领宽 m=4.5cm，延长线段 CB 至 D 点，设线段 CD=CA，连接 ED 为衣领和驳头的翻折线，作 ED 延长线至 F，设 DF=m，过 D 点作 DF'=DF，设 FF'=（$m-n$+0.5）×0.8，即为连翻领的翻领松量；过 B 点作 DF' 的平行线 BG，设 BG= 后领口弧长 ●，过 G 点作 BG 垂线 GH=m+n；过肩端点、领口下落 2cm 点作领串口基础线，领口斜线 OB 平行于翻折线 DE，设驳头宽为 8cm，领缺嘴 0.3cm，画顺翻领的领下口线、外口线、翻折线及驳头部分外口线。

如图 3-138 所示，合并前侧衣身侧缝省，前衣身剩余省量保留。

（2）衣袖结构设计：修身型女大衣采用两片袖结构形式。

衣袖结构制图以衣身袖窿为基础，首先将衣身袖窿省作合并处理，作前、后肩端点

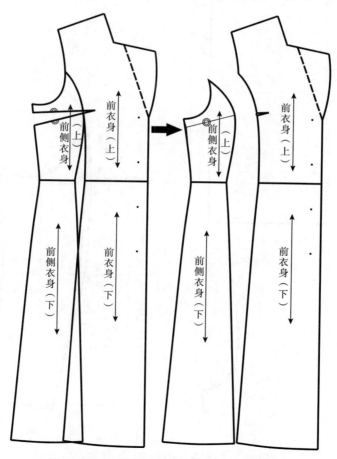

图 3-138 修身型女大衣衣身纸样省转移处理

水平线，延长衣身侧缝线至后肩端点水平线，取前、后肩端点中点，过中点至袖窿底作 6 等分，取 5/6 为一片袖袖山高。

基于合并袖窿省后的袖窿弧，分别量取前、后袖窿弧长（AH），以袖山顶点为原点分别取前 AH、后 AH+0.5cm 作袖山斜线至衣身胸围线，A、B 两点间距离即为一片袖袖肥，分别取前、后袖肥水平线的中点作垂线至袖山顶点水平线，将前、后袖肥中点垂线作 5 等分，再将 5 等分中间区段作 3 等分，其中后袖肥垂线中的上三分之一、前袖肥垂线中的下三分之一区间为袖山弧线转折调整区间。袖长设定为实际袖长 5cm，袖肘线（EL）取袖长 /2+2.5cm，如图 3-139 中①所示。

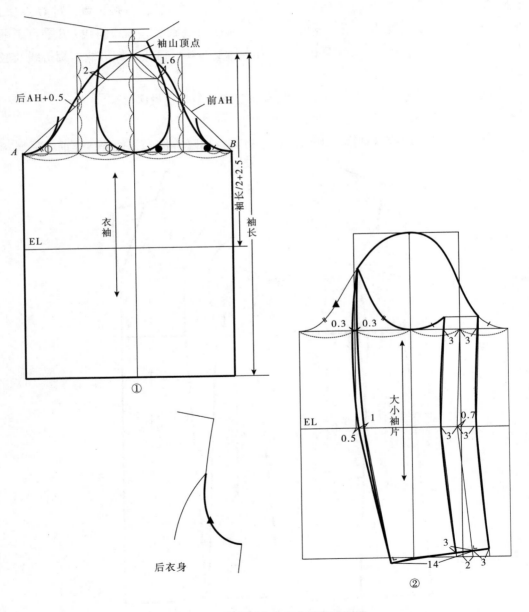

图 3-139　修身型女大衣衣袖结构制图

如图 3-139 中②所示，分别取一片袖前、后袖肥的中点作垂线为两片袖大、小袖片分割的基准线。基于前袖肥分割基准线分别向左右两侧平移 3cm 为大、小袖前偏袖线，袖肘处缩进 0.7cm 作袖身弯势，袖口处向外量取 2cm 做衣袖前势设计，过一片袖袖中线与袖口线交点作袖前势斜线垂线为袖口基础线，设袖口宽 14cm，画顺大、小袖片前袖缝弧线。后偏袖线设计以后袖肥分割线为基准，量取后袖窿弧长▲设定大、小袖片袖山弧线分割点，依据后袖肥中点垂线分别量取 0.3cm、0.5cm、1cm 各点，画顺大、小袖片后袖缝弧线。

5. 纸样分解图 修身型女大衣纸样分解图如图 3-140 所示。

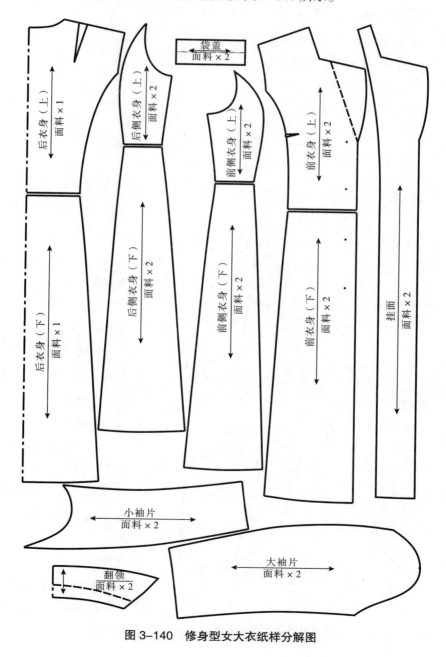

图 3-140 修身型女大衣纸样分解图

（三）插肩袖型女风衣结构设计

1. 款式特点 宽松衣身造型，衣长过臀至膝，四开身衣身结构，双排十粒扣，前（左）、后身设披肩，袋盖插袋，腰节系腰带，设肩襻；后衣身下摆设褶裥，插肩袖结构，袖口设袖襻，立翻领领型，如图3-141所示。

2. 规格设计 插肩袖型女风衣结构设计实例采用165/88A号型规格，以女上装基本型衣身规格设计为基础。

（1）衣长：身高（h）×0.4+腰围至底边间距。

（2）胸围（B）：$B*$+12cm+10cm。

（3）胸宽：$B*$/8+6.2cm。

（4）背宽：$B*$/8+7.4cm。

（5）背长：39cm。

（6）腰长：18cm。

（7）袖长：55cm。

（8）前袖窿深：$B*$/5+ 8.3cm+3cm。

图 3-141 插肩袖型女风衣款式图

（9）后袖窿深：$B*$/12+13.7cm+3.5cm。

（10）领口宽：$B*$/24+ 3.4cm+1.5cm。

3. 结构制图 插肩袖型女风衣结构制图如图3-142~图3-144所示。

4. 结构制图说明

（1）衣身、衣袖结构设计：衣身结构以基本型衣身为基础，半身胸围追加5cm放量，采用四开身结构制图形式，根据款式要求，首先将基本型衣身后肩省合并二分之一，剩余省量转至后袖窿处；前衣身仅前胸作撇胸处理，前肩二分之一处

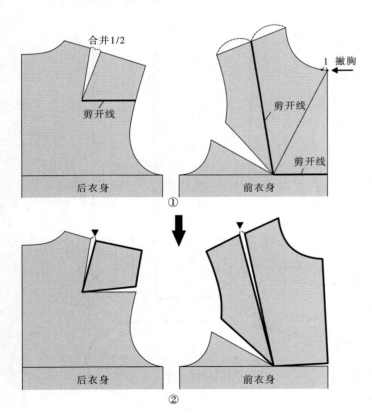

图 3-142 插肩袖型女风衣衣身转省处理

作展开，展开量等于后肩省量▼，剩余省量融入袖窿，如图 3-142 中①、②所示。

　　如图 3-143 中①所示，作前、后肩端点水平线，延长衣身侧缝线至后肩端点水平线，取前、后肩端点水平线的中点，过中点至袖窿底下 2cm 处作 6 等分，取 4/6 为袖山高。

　　如图 3-143 中②所示，基于基本型衣身领口，前领口宽作 1.5cm 开大处理，前领深下落 2cm，取基本型衣身腰围至底边长度为追加衣长，前身胸围追加 2cm，袖窿下落 2cm，设前衣身搭门宽为 9cm，衣摆侧缝外展 6cm，与袖窿底连直线为衣身侧缝，圆顺衣摆线；前肩端点起翘 1cm，沿肩斜线外展 0.5cm，过前肩端点作 10cm 等腰直角三角形，取三角形斜边中点上移 1cm 设定为前插肩袖袖中线倾角，过前肩端点沿袖中线设袖长 +3cm，过肩端点量取袖山高，作袖肥线，取前衣身袖窿省省边点 A 为前袖、衣身对位符合点，过 A 点连直线至衣身袖窿底点 O，量取 AO，设 $AO=AO'$，AO' 交于袖肥线，画顺前袖、衣身分割线及袖窿、袖山底弧线；作袖中缝袖口垂线 2cm，取五分之三前袖肥为袖口宽，袖肘底缝向内收 1cm；设插袋袋口长 15cm、袋盖宽为 4cm，袋盖中点作 1.5cm 尖角设计；过前身领口点沿前袖、衣身分割线量取 3cm，衣底边量取搭门宽 -1cm，连弧线为前身挂面。

　　如图 3-143 中③所示，基于基本型衣身领口，后领口宽作 1.5cm 开大处理，取基本型衣身腰围至底边长度为追加衣长，后身胸围追加 3cm，袖窿下落 2cm，衣摆侧缝外展 6cm，与袖窿底连直线为衣身侧缝，圆顺衣摆线；后肩端点起翘 1.5cm，沿肩斜线外展 0.5cm，过后肩端点作 10cm 等腰直角三角形，取三角形斜边中点上移 1cm 设定为后插肩袖袖中线倾角，过后肩端点沿袖中线设袖长 +3cm，过肩端点量取袖山高，作袖肥线，取后衣身袖窿省省边点 B 为前袖、衣身对位符合点，过 B 点连直线至衣身袖窿底点 O，量取 BO，设 $BO=BO''$，BO'' 交于袖肥线，画顺后袖、衣身分割线及袖窿、袖山底弧线；过袖中缝 2cm 作垂线，取五分之四前袖肥为袖口宽，袖肘底缝外展 1cm，量取前、后袖底缝差作后袖肘省；后领中点至胸围线作四等分，取下四分之一作横向后披肩，后身中缝腰节线至臀围线中点处作 8cm 褶裥。

　　设腰带宽为 4.5cm，袖襻宽为 3.5cm，肩襻宽为 3cm，如图 3-143 中②、③所示。

　　（2）衣领结构设计：插肩袖型女风衣采用立翻领领型结构形式，立翻领为分体式翻领结构，由领座、翻领两部分组成。衣领结构制图以衣身领口为基础，衣领领座颈侧倾角 96°、领座高 n=3cm、翻领宽 m=7cm。

　　如图 3-144 所示，以衣身领口 B 点为起点作水平线，过 B 点作水平线 96° 夹角线 AB，线段 AB 即为领座高 n=3cm，过 A 点向肩斜线作引线 AC，线段 AC 即为翻领宽 m=7cm，延长线段 CB 至 D 点，设线段 $CD=CA$。过 D 点与翻驳点 E 点连直线 DE，作 ED 延长线至 F，设 $DF=m$，过 D 点作 $DF'=DF$，设 $FF'=(m-n+0.5)×0.8$，即为翻领松量；延长 DF' 至 G 点，设 $DG=$ 后领口弧长 ●，过 G 点作 DG 垂线 $GG'=m$，分别过 G' 点、E' 点作相交垂直线，设领角宽为 9cm；设 $OI=OO'$，IE'=2.5cm 为前领座高并交于 DE，过领口弧线中点 O 作领口弧线切线，量取 $OI'=$ 前领口弧长 ○ + 后领口弧长 ●，过 I' 点作垂线 $I'H$，设 $I'H$=1.5cm 作为领座后起翘量，过 H 点作 HO 垂线 $HH'=n$，分别画顺领座下口线、领座上口线、翻领下口线、翻领外口线。

　　5. 纸样分解图　插肩袖型女风衣纸样分解图如图 3-145 所示。

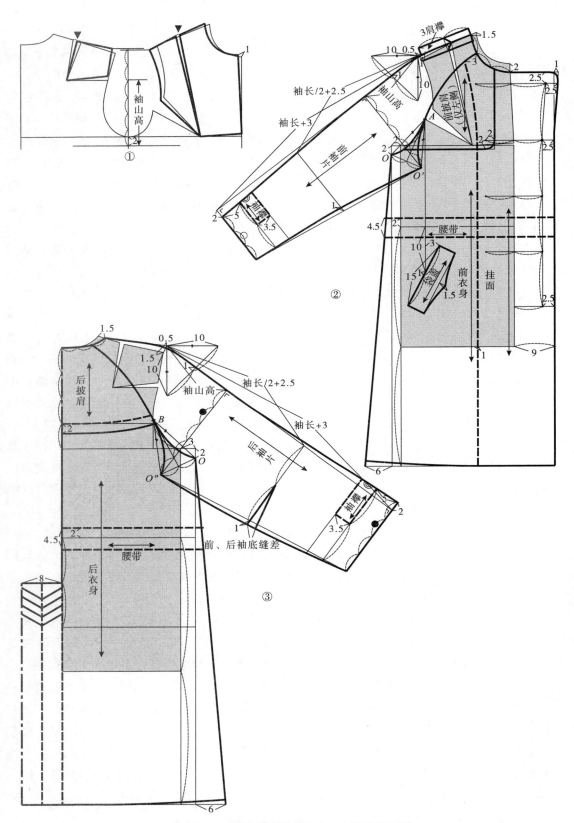

图 3-143　插肩袖型风衣衣身、衣袖结构制图

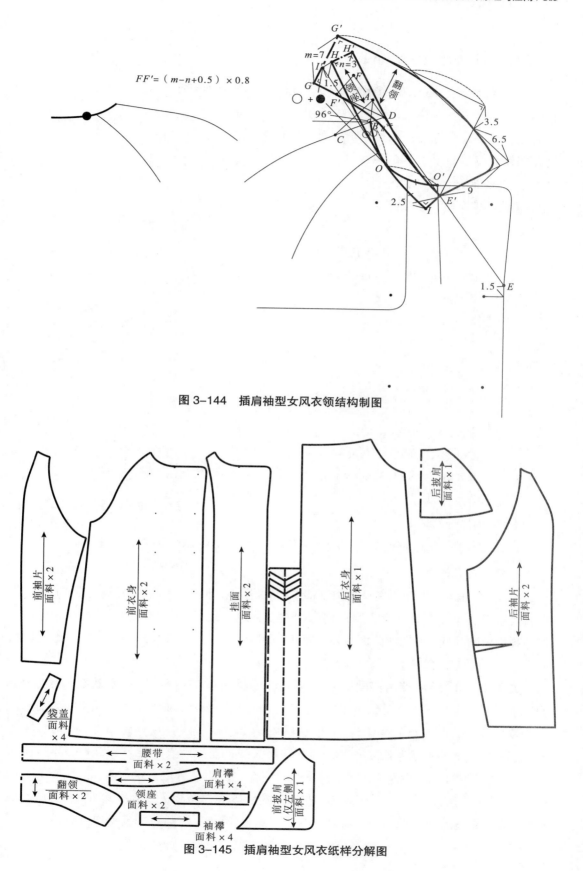

$$FF'=(m-n+0.5)\times0.8$$

图 3-144 插肩袖型女风衣领结构制图

图 3-145 插肩袖型女风衣纸样分解图

（四）休闲型女大衣结构设计

1. **款式特点** 宽松衣身造型，衣长过臀至膝上10cm，四开身衣身结构，单排四粒牛角扣，前、后身设肩育克，有袋盖大贴袋，一片分割袖结构，袖口设袖襻，有帽墙连身帽，如图3-146所示。

2. **规格设计** 休闲型女大衣结构设计实例采用165/88A号型规格，以女上装基本型衣身规格设计为基础。

（1）衣长：身高（h）×0.4+腰围至底边间距−10cm。

（2）胸围（B）：B*+12cm+10cm。

（3）腰围（W）：B−4cm。

（4）胸宽：B*/8+6.2cm。

（5）背宽：B*/8+7.4cm。

（6）背长：39cm。

（7）腰长：18cm。

（8）袖长：55cm。

（9）前袖窿深：B*/5+8.3cm +3cm。

（10）后袖窿深：B*/12+13.7cm +3.5cm。

（11）领口宽：B*/24+3.4cm +1.5cm。

（12）帽高：33cm。

（13）帽宽：25cm。

图3-146 休闲型女大衣款式图

3. **结构制图** 休闲型女大衣结构制图如图3-147~ 图3-150所示。

4. **结构制图说明**

（1）衣身结构设计：衣身结构以基本型衣身为基础，采用四开身结构制图形式。根据款式要求，首先将基本型衣身后肩省合并二分之一，剩余省量转至后袖窿处；前衣身仅前胸作撇胸处理，前肩二分之一处作展开，展开量等于后肩省量▼，剩余省量融入袖窿，如图3-147中①、②所示。

如图3-148所示，半身胸围追加5cm放量，取基本型衣身腰围线至底边线长度−10cm为追加衣长，基于基本型前、后领口宽作1.5cm开大处理，前领口深下落2cm，前肩端点起翘1cm，后肩端点起翘1.5cm，前、后肩端点沿肩斜线分别外延1cm，袖窿深下落2cm，取右三分之一点为袖窿底点，画顺袖窿弧线；前、后衣身腰节侧缝处分别向内收1cm，衣摆下落1cm，后领中点至胸围线作3等分，取下三分之一点作前、后肩育克；设17为贴袋袋盖长、袋盖宽为6cm，贴袋袋深为19cm，贴袋距腰节线9cm，距前中心线5cm；前衣身过肩线量取3cm，前衣身衣底边量取10cm，连弧线为前衣身挂面线，前衣

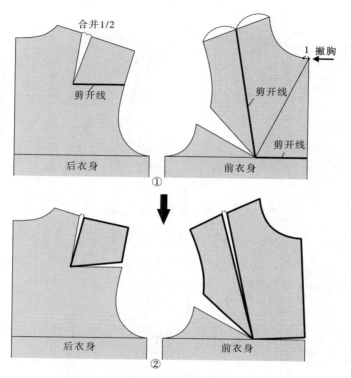

图 3-147　休闲型女大衣衣身转省处理

身搭门设 4 粒牛角扣。

（2）衣帽结构设计：休闲型女大衣采用有帽墙的连身帽结构形式。

连身帽结构制图以衣身领口为基础，如图 3-149 中①所示，过前肩颈点作水平线，取后领深二分之一作肩颈点水平线上方的平行线，两平行线的间距为帽下口起翘量，过前领口中点作领口弧线切线与帽下口起翘水平线相交，设 $OA=$ ● ＋ ○，画顺帽下口线。设帽高 33cm、帽宽为 25cm，取帽高上三分之一点、帽宽二分之一点画顺帽中缝线，分别量取帽前口 4.5cm、帽中缝弧线转折处 5.5cm、帽下口 4cm，画顺帽墙分割弧线。

如图 3-149 中②所示，完成帽墙结构制图。

（3）衣袖结构设计：休闲型女大衣采用一片分割袖结构形式。

衣袖结构制图以衣身袖窿为基础，首先将衣身袖窿省作合并处理，作前、后肩端点水平线，延长衣身侧缝线至后肩端点水平线，取前、后肩端点水平线的中点，过中点至袖窿底作 6 等分，取 4/6 为一片袖袖山高。

如图 3-150 中①所示，基于合并袖窿省后的袖窿弧，分别量取前、后袖窿弧长（AH），以袖山顶点为原点分别取前 AH、后 AH+0.5cm 作袖山斜线至衣身胸围线，A、B 两点间距离即为一片袖袖肥。取前、后袖肥中点作垂线至袖山顶点水平线，将前、后袖肥中点垂线作 5 等分，再将 5 等分中间区段作 3 等分，其中后袖肥垂线中的上三分之一、前袖

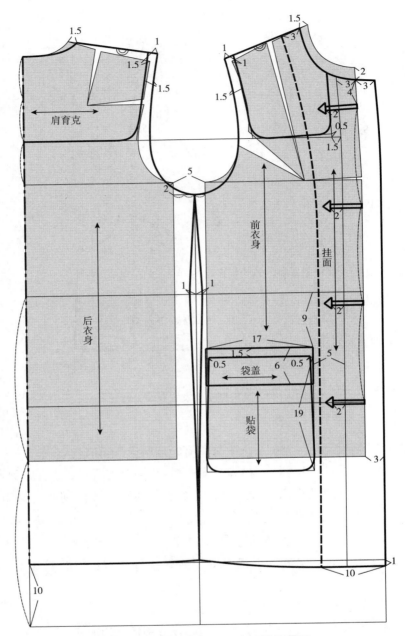

图 3-148 休闲型女大衣衣身结构制图

肥垂线中的下三分之一的区间为袖山弧线转折调整区间；袖长设定为实际袖长，袖肘线（EL）取袖长/2+2.5cm，袖中线前倾 2cm，设袖口宽 15cm，连袖边缝辅助线，前袖边缝袖肘处向内收 1.5cm、后袖边缝袖肘处外展 1.5cm，后袖肘作收省，省量为后袖口下落量；过袖口、袖肘中点、后袖山弧线与后袖山切线交点作衣袖分割。

如图 3-150 中②所示，完成分割袖片袖肘省的合并处理。

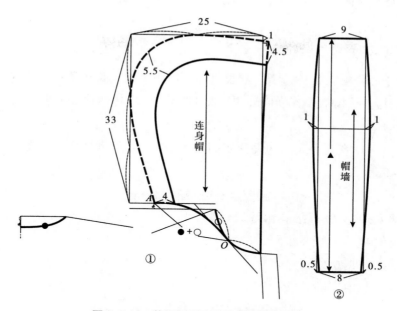

图 3-149　休闲型女大衣连身帽结构制图

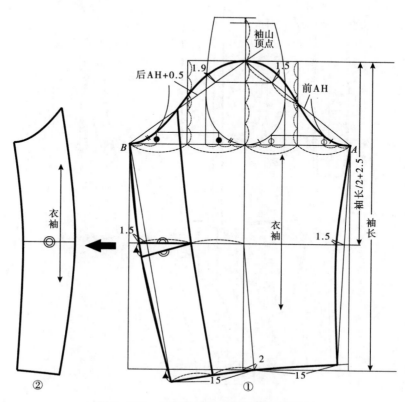

图 3-150　休闲型女大衣衣袖结构制图

5. 纸样分解图 休闲型女大衣纸样分解图如图 3-151 所示。

（五）创意女大衣结构设计

1. 款式特点 修身较合体造型，衣长过膝至膝下 8cm，四开身衣身结构，前、后衣身纵向公主线褶裥分割，腰节作横向分割，双排四粒扣，合体两片袖结构，倒挂驳领领型，如图 3-152 所示。

2. 规格设计 创意女大衣结构设计实例采用 165/88A 号型规格，以女上装基本型衣身规格设计为基础。

（1）衣长：身高（h）×0.4+ 腰围至底边间距 + 8cm。

（2）胸围（B）：B*+12cm+10cm。

（3）腰围（W）：B−23cm。

（4）胸宽：B*/8+6.2cm。

（5）背宽：B*/8+7.4cm。

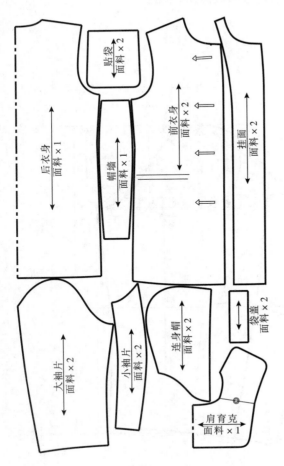

图 3-151　休闲型女大衣纸样分解图　　　　图 3-152　创意女大衣款式图

（6）背长：39cm。

（7）腰长：18cm。

（8）袖长：55cm。

（9）前袖窿深：$B*/5+8.3cm+2.5cm$。

（10）后袖窿深：$B*/12+13.7cm+3cm$。

（11）领口宽：$B*/24+3.4cm+1cm$。

3. 结构制图 创意女大衣结构制图如图 3-153~ 图 3-156 所示。

4. 结构制图说明

（1）衣身、衣领结构设计：衣身结构以基本型衣身为基础，半身胸围追加5cm放量，采用四开身结构制图形式，根据款式要求，首先将基本型衣身后肩省合并二分之一，剩余省量转至后袖窿处；前衣身肩端点抬高0.7cm，重新连接前肩斜线，前衣身胸部作撇胸处理，袖窿省合并三分之二，剩余省量转至肩部，如图 3-153 中①、②所示。

如图 3-154 所示，基于基本型衣身领口，前、后领口宽作1cm开大处理，后肩端点加1cm起翘量，前肩端点加0.7cm起翘量，前、后肩端点沿肩斜线分别外延0.5cm，袖窿深下落2cm，取右三分之一点为袖窿底点，画顺袖窿弧线；取基本型衣身腰围线至底边长度 +8cm 为追加衣长，设前衣身搭门7.5cm，搭门胸围线至腰围线上三分之一处为翻驳点，设双排4粒扣，衣身侧缝腰节处向内收2cm，衣摆下落1cm，衣摆侧缝处摆出5cm；衣身腰节线下2cm处作横向分割，基于肩省省位、前身腰节中点完成公主线分割，衣摆两侧分别设5cm重叠量。

创意女大衣采用倒挂驳领设计，如图 3-154 所示，设衣领领座颈侧倾角96°、领座高 $n=3cm$、翻领宽 $m=6cm$，以衣身领口 B 点为起点作水平线，过 B 点作水平线96°夹角线 AB，线段 AB 即为领座高 $n=3cm$，过 A 点向肩斜线作引线 AC，线段 AC 即为翻领宽 $m=6cm$，延长线段 CB 至 D 点，设线段 $CD=CA$，连接 ED 为衣领和驳头的翻折线，作 ED 延长线至 F，设 $DF=m$，过 D 点作 $DF'=DF$，设 $FF'=(m-n+0.5)\times0.8$，即为连翻

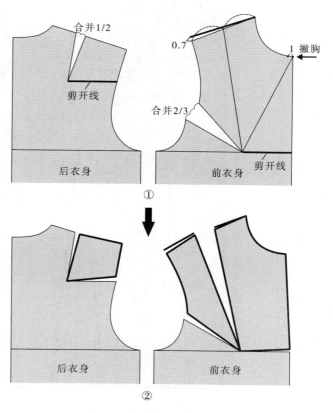

图 3-153 创意女大衣衣身转省处理

领的翻领松量；过 B 点作 DF' 的平行线 BG，设 BG= 后领口弧长 ●，过 G 点作 BG 垂线 GH=m+n；过肩斜线中点作衣身领口弧线的切线为领串口基础线，领口斜线 OB 平行于翻折线 DE，设驳头宽 10cm，领缺嘴 0.3cm，画顺翻领的领下口线、外口线、翻折线及驳头部分外口线；过前肩颈点沿肩斜线量取 3cm，衣底边向内量取 13cm，连弧线为前衣身挂面。

如图 3-155 所示，前、后公主线做 6cm 宽褶裥分割设计，前、后衣身下摆腰节处作

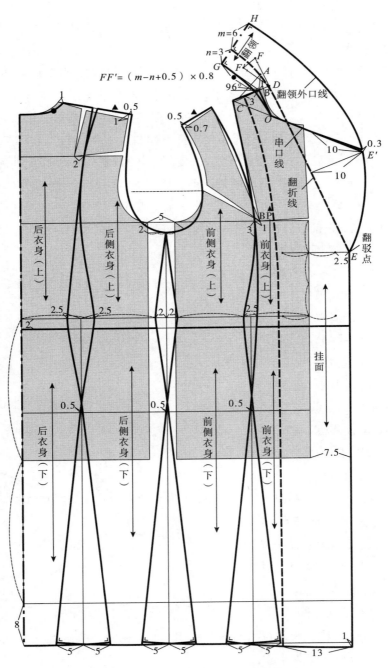

图 3-154　创意女大衣衣身、衣领结构制图

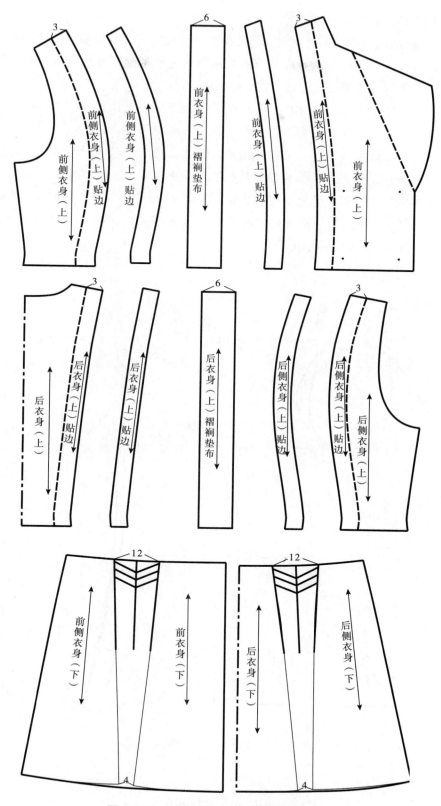

图 3-155　创意女大衣衣身纸样褶裥处理

12cm、下摆处作4cm褶裥展开处理。

（2）衣袖结构设计：创意女大衣采用两片袖结构形式，两片袖结构设计以一片袖为基础。如图3-156中①所示，首先依据西装袖窿弧完成基础一片袖结构制图，具体制图步骤和方法参见第三章第二节"女上装衣袖结构设计原理"。

如图3-156中②所示，分别取一片袖前、后袖肥的中点作垂线为两片袖大、小袖片分割的基准线。基于前袖肥分割基准线分别向左右两侧平移3cm为大、小袖前偏袖线，袖肘处缩进0.7cm作袖身弯势，袖口处向外量取2cm做衣袖前势设计，过一片袖袖中线与袖口线交点作袖前势斜线垂线为袖口基础线，设袖口宽14cm，画顺大、小袖片前袖缝弧线。后偏袖线设计以后袖肥分割线为基准，取袖山高下2/5为大、小袖片袖山弧线分割点，依据后袖肥中点垂线分别量取0.3cm、0.5cm、1cm各点，画顺大、小袖片后袖缝弧线，作2.5cm宽、10cm长袖开衩折边。

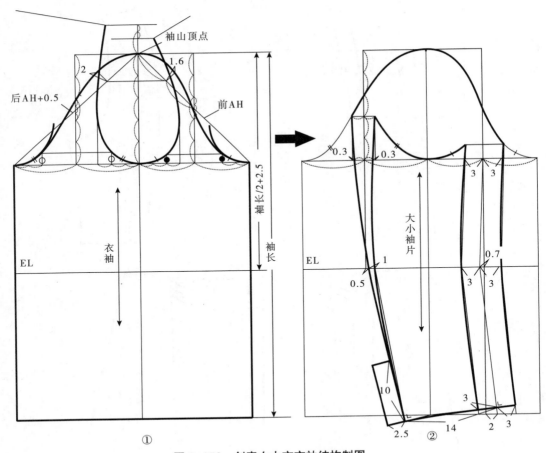

图3-156　创意女大衣衣袖结构制图

5.纸样分解图 创意女大衣纸样分解图如图 3–157 所示。

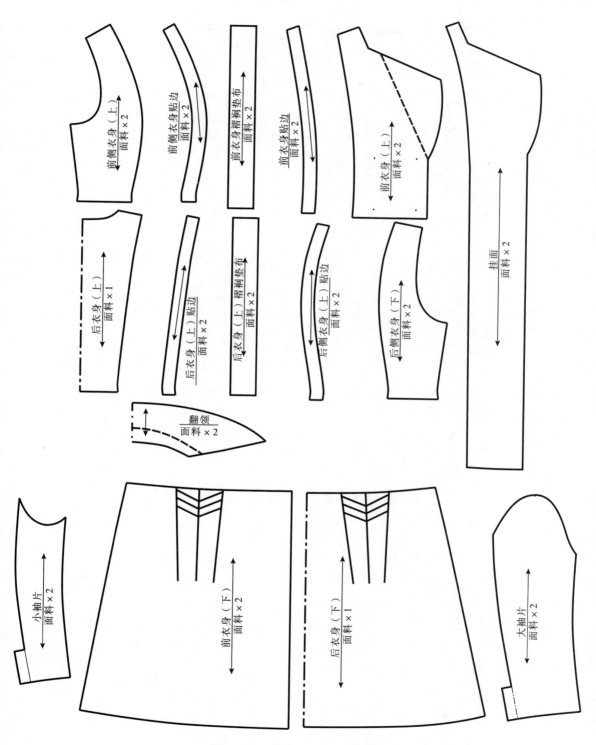

图 3–157　创意女大衣纸样分解图